Geometrische Qualitätssensorik für die roboterbasierte, additive Produktion

Vom Promotionsausschuss der
Technischen Universität Hamburg

zur Erlangung des akademischen Grades

Doktor-Ingenieur (Dr.-Ing.)

genehmigte Dissertation

von
Malte Buhr

aus
Reinbek

2024

1. Gutachter: Prof. Dr.–Ing. Claus Emmelmann

2. Gutachter: PD Dr.-Ing. habil. Jörg Wollnack

Tag der mündlichen Prüfung: 26. Februar 2024

Light Engineering für die Praxis

Reihe herausgegeben von

Claus Emmelmann, Hamburg, Deutschland

Technologie- und Wissenstransfer für die photonische Industrie ist der Inhalt dieser Buchreihe. Der Herausgeber leitet das Institut für Laser- und Anlagensystemtechnik an der Technischen Universität Hamburg. Die Inhalte eröffnen den Lesern in der Forschung und in Unternehmen die Möglichkeit, innovative Produkte und Prozesse zu erkennen und so ihre Wettbewerbsfähigkeit nachhaltig zu stärken. Die Kenntnisse dienen der Weiterbildung von Ingenieuren und Multiplikatoren für die Produktentwicklung sowie die Produktions- und Lasertechnik, sie beinhalten die Entwicklung lasergestützter Produktionstechnologien und der Qualitätssicherung von Laserprozessen und Anlagen sowie Anleitungen für Beratungs- und Ausbildungsdienstleistungen für die Industrie.

Malte Buhr

Geometrische Qualitätssensorik für die roboterbasierte, additive Produktion

Springer Vieweg

Malte Buhr
Technische Universität Hamburg (TUHH)
Hamburg, Deutschland

ISSN 2522-8447 ISSN 2522-8455 (electronic)
Light Engineering für die Praxis
ISBN 978-3-662-69316-2 ISBN 978-3-662-69317-9 (eBook)
https://doi.org/10.1007/978-3-662-69317-9

Die Deutsche Nationalbibliothek verzeichnet diese Publikation in der Deutschen Nationalbibliografie; detaillierte bibliografische Daten sind im Internet über https://portal.dnb.de abrufbar.

Planung/Lektorat: Alexander Grün
Springer Vieweg ist ein Imprint der eingetragenen Gesellschaft Springer-Verlag GmbH, DE und ist ein Teil von Springer Nature.
Die Anschrift der Gesellschaft ist: Heidelberger Platz 3, 14197 Berlin, Germany

Wenn Sie dieses Produkt entsorgen, geben Sie das Papier bitte zum Recycling.

Vorwort

Diese Arbeit entstand während meiner Tätigkeit als wissenschaftlicher Mitarbeiter am Institut für Laser- und Anlagensystemtechnik (iLAS) der Technischen Universität Hamburg (TUHH) sowie an der Fraunhofer-Einrichtung für additive Produktionstechnologien IAPT in Hamburg. Meinem Betreuer Herrn Prof. Dr.-Ing. Claus Emmelmann möchte ich an dieser Stelle für die Möglichkeit danken, das vorliegende Thema zu bearbeiten. Des Weiteren möchte ich Herrn PD Dr.-Ing. habil. Jörg Wollnack für die Übernahme des Zweitgutachtens und Herrn Prof. Dr.-Ing. Thorsten Kern für die Leitung des Prüfungsausschusses danken.
Meinen ehemaligen Kollegen und insbesondere Herrn Vishnuu Jothi Prakash, Herrn Dr.-Ing. Markus Heilemann, Herrn Julian Ulrich Weber, Herrn Bohdan Vykhtar, Herrn Frank Beckmann, Herrn Chabir Akramyar und Herrn Malte Tim Kraienhorst danke ich für den vielseitigen Austausch und die spannenden gemeinsamen Projekte. Weiterhin bedanke ich mich bei den Studenten, die bei mir ihre Abschlussarbeiten zu dem Thema geschrieben haben.
Mein besonderer Dank gebührt meiner Frau, meiner Tochter und meinen Eltern für die uneingeschränkte Unterstützung während meines Studiums sowie der daran anschließenden Entstehungsphase dieser Arbeit, aber auch in allen anderen Lebenslagen. Ohne Euch wäre diese Arbeit nicht möglich gewesen.

Hamburg, im März 2024 — Malte Buhr

Kurzfassung

Die Additive Fertigung ermöglicht eine ressourceneffiziente, individualisierte Herstellung von Funktionsbauteilen. Für die Fertigung von Großbauteilen kommen roboterbasierte Auftragschweißverfahren zum Einsatz. Um eine gleichbleibend hohe Qualität zu gewährleisten, ist dabei eine geometrische Qualitätssicherung notwendig. Der Einsatz klassischer 3D-Messtechnik zeigt aber Defizite im Bereich der Durchlaufzeit und der Robustheit gegenüber prozessbedingter Einflüsse.

Die vorliegende Arbeit beschäftigt sich mit der Fragestellung, wie Linien-Lasertriangulationssensoren für die geometrische Qualitätssicherung im Auftragschweißprozess gezielt eingesetzt werden können, ohne die Flexibilität des Prozesses oder der Robotereinheit einzuschränken. Dazu wird erforscht, welche Einflussfaktoren auf das Sensorsystem wirken und wie diese die In-Prozessmessung beeinflussen. Dabei zeigen sich sowohl messtechnische Einflüsse, wie optische Instabilitäten oder Oberflächeneigenschaften, als auch durch den Auftragschweißprozess hervorgerufene Messunsicherheiten durch die hohen Prozesstemperaturen und die durch den Prozess emittierte elektromagnetische Strahlung. Den größten Einfluss auf die Messunsicherheit stellt dennoch die Systemkalibrierung dar, auf die in der Arbeit daher ein Hauptaugenmerk gelegt wird.

Auf Basis dieser Erkenntnisse und Anforderungen wird ein neuartiger, richtungsunabhängiger Linien-Lasertriangulationssensor für Auftragschweißprozesse auf Basis eines Multi-Triangulationssensorkonzepts entwickelt. Dieser setzt auf einer prozesskopfumhüllenden Geometrie mit orthogonaler Triangulationsanordnung auf und ermöglicht eine richtungsunabhängige Bewegung der Auftragschweißtechnologie. Die dafür notwendigen hardwarespezifischen und optischen Komponenten werden auf Basis der Ergebnisse der Prozesseinflüsse ausgelegt. Für die Kalibrierung des entwickelten, auf multi-kameratechnikbasierenden Lasertriangulationssensors werden zunächst einige gängige Kalibrierungsmethoden untersucht und anschließend eine erweiterte Kalibrierungsmethodik auf Basis einer Kugel-Lasertracker-Referenz abgeleitet, mit der geringere Messunsicherheiten möglich sind. Zur Erhöhung der Messdatenqualität werden zusätzlich Konzepte zur Genauigkeitssteigerung der Poseinformation der Roboterkinematiken aufgezeigt.

Die Evaluierung des entwickelten und umgesetzten Linien-Lasertriangulationssensors erfolgt abschließend auf Basis von genormten, sphärischen Referenzinformationen und In-Prozessmessungen während einer demonstrativen Fertigung einer Gitterflosse für orbitale Trägerraketen. Die gewonnenen Ergebnisse der vorliegenden Arbeit bilden somit zukünftig die Basis für die geometrische Qualitätssicherung und die prozessoptimierte Realisierung optischer 3D-Messtechnik in der roboterbasierten Additiven Produktion.

Abstract

Additive manufacturing enables resource-efficient, individualized production of functional components. Robot-based Directed Energy Deposition processes are the technologies for the production of large components and parts. Geometric quality assurance is necessary to ensure consistently high quality parts. However, the use of classical 3D measurement technology shows deficits in the area of throughput time and robustness against process-related influences.

The presented work deals with the question of how line laser triangulation sensors can be used specifically for geometric quality assurance in the Directed Energy Deposition processes without limiting the flexibility of the process or the robot unit. Therefore, influence factors were investigated, which act on the sensor system and affect the in-process measurement. The investigation revealed both metrological influences, such as optical instabilities or surface conditions, and measurement uncertainties caused by the deposition process, due to the high process temperatures or the electromagnetic radiation emitted by the process. The system calibration showed the largest influence, which led to the main focus of the thesis.

Based on these findings and requirements, a multi-directional laser triangulation system for Directed Energy Deposition processes was developed. It is based on a process head enveloping geometry with an orthogonal triangulation arrangement and enables a flexible movement of the deposition technology. The necessary hardware-specific and optical components were designed based on the results of the process influences. For the calibration of the developed multi-camera laser triangulation system, common calibration methods were investigated, and an extended calibration methodology based on a sphere-laser tracker reference was derived, which enables lower measurement uncertainties. Additionally, concepts for increasing the accuracy of the position information of the robot kinematics were demonstrated to increase the quality of the measurement data.

Finally, the developed and implemented laser triangulation system was evaluated on normed, spherical reference information and in-process measurements during the demonstrative manufacturing of a grid fin for orbital launch vehicles. In future, the results will form the basis for geometric quality assurance and the usage of 3D measurement in robot-based additive manufacturing.

Inhaltsverzeichnis

Abbildungsverzeichnis

Tabellenverzeichnis

Formelzeichen

Dieses Verzeichnis beinhaltet die in dieser Arbeit verwendeten Formelzeichen. Nach gängiger Konvention werden unabhängige und abhängige skalare Variablen kursiv, die verwendeten Spaltenvektoren in fetten Kleinbuchstaben, die Matrizen in fetten Großbuchstaben und Symbole in geradestehender Schreibweise bezeichnet.

Lateinische Formelzeichen	
a^{DH}	Translation entlang X-Achse
a_{R}	Auflösung in Vorschubrichtung
b	Bildweite
c_{S}	Sensoroffset
C	Hauptpunktverschiebung
d_{L}	Distanz der Laserebene
d^{DH}	Translation entlang der Z-Achse
D	Datenmenge
$\mathbf{e}_{\mathrm{x,y,z}}$	Einheitsvektor
f	Brennweite
f_{Mess}	Messfrequenz
F	Blendenzahl
g	Gegenstandsweite
G	Anzahl der Roboterachsgelenke
k	Erweiterungsfaktor
k_1, k_2	Radiale Linsenkoeffizienten
I	Intensität, Anzahl der Eingangsvektoren
$\mathbf{J}$	Jacobi-Matrix
l	Teil-Sensorelement
m_s	Sensorsteigung
M	Vergrößerung, Anzahl der abhängigen Ausgangsgrößen
n	Stichprobenanzahl
n_{eff}	Effektiver Brechungsindex
$\mathbf{n}_{\mathrm{L}}$	Normalenvektor der Laserebene
$\mathbf{p}$	Parametervektor
$\mathbf{p}_{\mathrm{v}}$	Posevektor
P	Anzahl der Parameter
r	Radius
$\mathbf{R}$	Rotationsmatrix
s	Achssensorwert
s_{x}	Standardfehler
$S_{\mathrm{x}}, S_{\mathrm{y}}$	Skalierungsfaktoren

t_{job}	Baujobdauer
t_{Student}	Student t-Verteilungsfaktor
$\mathbf{T}$	Homogene Transformationsmatrix
u	Auflösung entlang der Laserlinie
u_{ROI}	Offset der Region of Interest
$\mathbf{v}$	Vektor
v_{R}	Vorschubgeschwindigkeit
$\mathbf{x}_0$	Bildpunkt im RAM-Koordinatensystem
$\mathbf{x}_{\text{c}}$	Bildpunkt im Kamerakoordinatensystem
$\mathbf{x}_{\text{s}}$	Bildpunkt im skalierten Sensorkoordinatensystem
$\mathbf{x}_{\text{u}}$	Bildpunkt im unverzerrten Sensorkoordinatensystem
$\mathbf{x}_{\text{v}}$	Bildpunkt im verkippten Sensorkoordinatensystem

Griechische Formelzeichen	
α	Kippwinkel
α^{DH}	Rotation um die X-Achse
β	Einfallswinkel
θ^{DH}	Rotation um die Z-Achse
λ	Wellenlänge
μ	Mittelwert
σ	Standardabweichung
σ_{sp}	Laserspecklegröße
τ	Skalierungsfaktor

Indizes	
A	Aktuatorbasis
B	Bauteil
F	Flansch
K_S	Koordinatensystem
M	Messframe
R	Referenz
S	Sensor
th	Schwellwert

Abkürzungen

Abkürzung	Bedeutung
AM	Additive Manufacturing
API	Application Programming Interface
ASTM	American Society for Testing and Materials
CAM	Computer-Aided Manufacturing
CMOS	Complementary Metal Oxide Semiconductor
CNC	Computerized Numerical Control
COG	Center of Gravity
CPU	Central Processing Unit
DED	Directed Energy Deposition
DIN	Deutsches Institut für Normung
FPGA	Field Programmable Gate Array
ISO	International Organization for Standardization
Laser	Light Amplification by Stimulated Emission of Radiation
LMD	Laser Metal Deposition
MAG	Metall-Aktiv-Gas
MIG	Metall-Inert-Gas
MQTT	Message Queuing Telemetry Transport
OPC UA	Open Platform Communications Unified Architecture
ROI	Region of Interest
RSI	Robot-Sensor-Interface
SVD	Singular Value Decomposition
TCP	Transmission Control Protocol
UDP	User Datagram Protocol
VDI	Verein Deutscher Ingenieure
WAAM	Wire Arc Additive Manufacturing
Yb:YAG	Ytterbium-dotierter Yttrium-Aluminium-Granat

Kapitel 1
Einleitung

1.1 Qualitätssicherung im Auftragschweißprozess

Eine kürzere Time-to-Market, eine höhere Qualität und hocheffiziente Produktionsprozesse sind die Ziele, die heute durch die Verwendung der Additiven Fertigung in groß- und mittelständischen Unternehmen angestrebt werden [1, 2]. Die Additive Fertigung hat sich in den letzten Jahren als Technologie für die Herstellung hoch individualisierter Bauteile mit kurzen Lieferzeiten und -ketten etabliert. Neben der Anwendung im Hobby- und Prototypenbau haben sich neue Industriezweige entwickelt, die auf die Herstellung metallischer Bauteile mithilfe der Additiven Fertigung setzen. Dieser Markt entwickelte sich 2022 mit einer Wachstumsrate von 14,4 % zu einem Wert von 9,5 Mrd. Euro [3].
Bei der Herstellung von Großstrukturen mit mehreren Metern Kantenlänge hat sich das Auftragschweißverfahren (Directed Energy Deposition, DED) als wirtschaftliche Produktionstechnologie etabliert. Das in der Beschichtungstechnik bekannte Verfahren nutzt gerichtete Energiequellen und draht- oder pulverförmiges Zusatzmaterial, um schichtweise die im Vorfeld digital designten Bauteile zu generieren [4]. Für die Führung der verwendeten Laser- und Lichtbogenenergiequellen werden meist herkömmliche Industrieroboter eingesetzt. Diese ermöglichen durch ihren Arbeitsraum einen großen Bauraum im Vergleich zu anderen additiven Fertigungstechnologien. Die Komplexität und Geometrie der Bauteile ohne spanende Nachbearbeitung ist bei diesen Technologien allerdings eingeschränkt. Dennoch handelt es sich um eine nachhaltige Herstellung von Near-Net-Shape-Bauteilen, da das notwendige Zerspanungsvolumen und auch die CO_2-Emission und der Energieverbrauch im Vergleich zur klassischen Fräsbearbeitung signifikant gesenkt werden können [4]. Die Additive Fertigung verspricht ihren Anwendern kurze Lieferzeiten und -ketten. Die Verfahren sind aber heute noch durch fehlerhafte Bearbeitungen, instabile Prozesse oder andere prozessbedingte Probleme gekennzeichnet [5]. Dieser Zustand führt zu kostenintensiven Nacharbeitungen und verlängerten Lieferzeiten sowie fehlerhaften Produkten beim Kunden.
Daher schreibt der Norm-Entwurf DIN EN ISO ASTM 52920 die ganzheitliche digitale Überwachung des Bauprozesses vor [6]. Dabei sollen unter anderem die Geometrie und die Schichtdicken mit optischen Sensorsystemen überwacht und

M. Buhr, *Geometrische Qualitätssensorik für die roboterbasierte, additive Produktion*, Light Engineering für die Praxis,
https://doi.org/10.1007/978-3-662-69317-9_1

dokumentiert werden. Nur so ist eine Zertifizierung der Prozesse zur Herstellung von Bauteilen in kritischen Infrastrukturbereichen möglich. Für die Vermessung der geometrischen Ausprägungen werden meist Lasertriangulationssysteme eingesetzt. Diese Systeme ermöglichen hohe Genauigkeiten bei kontaktloser Vermessung. Die gemessenen Daten können dann sowohl zur geometrischen Qualitätssicherung und Fertigungsdokumentation nach Fertigstellung des Bauteils, als auch für die direkte und indirekte In-Prozessregelung verwendet werden.
Aktuelle Sensorsysteme weisen aber einsatzeinschränkende Hemmnisse auf, die eine ganzheitliche digitale Überwachung des Bauprozesses verhindern. Diese sind unter anderem die Richtungsabhängigkeit und Einsetzbarkeit in den vorliegenden Hochtemperaturanwendungen. Die Auftragschweißverfahren zeichnen sich durch eine richtungsunabhängige Bearbeitung ohne vorschubsrichtungsvorgebene Umorientierungen aus. Gängige Lasertriangulationssensoren werden aber meist an einer Seite des Prozesskopfes montiert und führen so bei einer Online-Vermessung zu unwirtschaftlichen Umorientierungen. Meist ist diese Online-Vermessung aber überhaupt nicht möglich, da die Systeme für die herrschenden Umwelteinflüsse wie Störstrahlung und hohe Temperatur ungeeignet sind. Dies führt zu kostenintensiven, prozessunterbrechenden Digitalisierungsfahrten.
Ausgehend von diesen Hemmnissen wird in dieser Arbeit die mangelhafte geometrische Qualitätssicherung und der Einsatz von Lasertriangulation im roboterbasierten Auftragschweißprozess untersucht. Dazu werden die Einflüsse auf die Sensorsysteme im Auftragschweißprozess erforscht und deren Wirkung auf die In-Prozessvermessung analysiert. Darauf aufbauend, wird ein prozessspezifisches Multi-Triangulationsensorsystem und die damit verbundene Kalibrierungsmethodik entwickelt und evaluiert. Diese Ergebnisse und Forschungslösungen bieten zukünftig das Potenzial einer höheren Messgenauigkeit für die lasertriangulatorische In-Prozessvermessung und die additive Produktion von hochqualitativen Produkten durch eine kontinuierliche geometrische Qualitätssicherung.

1.2 Aufbau der Arbeit

Die Grundlagen der Auftragschweißprozesse sowie die der Lasertriangulation und deren Herausforderungen bilden die Basis der Erforschung der angestrebten Qualitätssensorik für die roboterbasierte Additive Produktion. Dieser Stand der Wissenschaft und Technik wird im Kapitel 2 erläutert. Zudem wird die roboterbasierte 3D-Messtechnik inklusive der Anwendung und Modellierung von Linien-Lasertriangulationssensoren in Kombination mit Industrierobotern vorgestellt.
Auf Basis dessen und den Herausforderungen für den Einsatz von Laser-Triangulationssensorik wird in Kapitel 3 die konkrete Zielsetzung für die Arbeit de-

finiert und der Lösungsweg hergeleitet. Das Kapitel 4 widmet sich zum einen der Analyse der Anforderungen an eine geometrische In-Prozessqualitätssicherung im Auftragschweißprozess, zum anderen werden die Einflüsse auf die In-Prozess-Lasertriangulationssensorik und die damit verbundene Messunsicherheit untersucht und analysiert. Diese bilden in Kapitel 5 die Grundlage für die Entwicklung einer richtungsunabhängigen In-Prozessgeometriesensorik für den robotergestützten Auftragschweißprozess. Für das entwickelte, richtungsunabhängige Sensorsystem wird im Zuge dessen eine geeignete Kalibrierungsmethodik entwickelt.
Deren praktischer Einsatz wird in Kapitel 7 anhand der Fertigung einer Gitterflosse für das vertikale Landen von Trägerraketen validiert und die Ergebnisse analysiert. Die abschließenden Abschnitte 8.1 und 8.2 fassen die Arbeit zusammen und geben einen Ausblick auf zukünftige Weiterentwicklungen und Forschungsansätze.

Kapitel 2
Stand der Wissenschaft und Technik

In diesem Kapitel werden die relevanten Grundlagen und der Stand der Wissenschaft und Technik beschrieben, um die Basis für die Motivation und Gestaltung der in dieser Arbeit erforschten Entwicklungen zu legen. Begonnen wird mit der Erläuterung der Grundlagen der Additiven Fertigung und der Notwendigkeit einer geometrischen Qualitätssicherung. Anschließend wird die Linien-Lasertriangulation als geometrisches Messverfahren und deren mathematische Modellierung und Kalibrierung beschrieben. Abschließend werden die Grundlagen der Industrieroboter dargestellt, die häufig als Manipulator in der Additiven Fertigung und der beschriebenen Sensortechnik zum Einsatz kommen.

2.1 Additive Fertigung

Die Additive Fertigung (Englisch Additive Manufacturing, AM) bietet neue Möglichkeiten zur Realisierung von on-demand, individualisierter Massenfertigung. Zahlreiche Anwendungen dieser neuartigen Fertigungstechnologie haben sich in der Medizintechnik, der Produktion von Luftfahrtstrukturelementen, und dem Werkzeugbau etabliert [1]. Unter dem Begriff der Additiven Fertigung werden Prozesse definiert, die durch das Verbinden von Material Bauteile schichtweise herstellen [7]. Die Erzeugung der einzelnen Schichten unterscheiden sich dabei in ihrer Prozessführung, Wärmeeinbringung und den eingebrachten Materialien. Die Prozesskette der Additiven Fertigung ist grundlegend durch die Abschnitte Pre-Processing, additiver Fertigungsprozess und nachgelagertes Post-Processing gekennzeichnet [8, 9]. Die Prozesskette am Beispiel des im nächsten Abschnitt beschriebenen Auftragschweißprozesses ist in Abbildung 2.1 dargestellt.
Im Pre-Processing erfolgt die Definition und das Design des zu urformenden Bauteils und der etwaigen Hilfsgeometrien. Anschließend erfolgt die Computer-Aided-Manufacturing-Planungsphase (CAM), in der die Aufbaurichtung und die einzelnen Schichten sowie die Bearbeitungsstrategie und die Soll-Prozessparameter definiert und fixiert werden. Dabei wird das Bauteil in mehrere Einzelschichten zerlegt (Slicing) und durch einzelne Bewegungspfade ausgefüllt (Hatching) [10]. Daraus wird ein Bearbeitungsprogramm an die physische Fertigungsmaschine übermittelt. Auf

M. Buhr, *Geometrische Qualitätssensorik für die roboterbasierte, additive Produktion*, Light Engineering für die Praxis,
https://doi.org/10.1007/978-3-662-69317-9_2

Abb. 2.1: Grundlegende Prozesskette der Additiven Fertigung am Beispiel des Auftragschweißprozesses

Basis dieser Daten erfolgt der additive Fertigungsprozess. Dieser ist durch prozessspezifische Schritte gekennzeichnet. Der Prozess des Auftragschweißens ist im nächsten Abschnitt näher erläutert. An den Fertigungsprozess schließen meist mehrere unterschiedliche Nachbearbeitungsschritte (Post-Processing) an, um zum Beispiel durch Wärmebehandlung Eigenspannungen zu reduzieren, Funktionsflächen durch Zerspanung zu erzeugen oder Hilfsgeometrien und Bauplattformen vom Bauteil zu entfernen. Abschließend erfolgt klassischerweise die Qualitätssicherung, um eine Übereinstimmung der geplanten Geometrie und Bauteileigenschaften mit dem erzeugten Bauteil zu überprüfen.
Aufgrund vieler Einflussgrößen in der gesamten Prozesskette ist eine Qualitätssicherung entlang des gesamten Wertschöpfungszyklus von der Industrie gefordert [11]. Da viele der kritischen Fehler, welche zum Ausschuss des Bauteils führen, meist schon während des Generierungsprozesses auftreten, versuchen die Anwender Qualitätssicherungsmaßnahmen bereits in den Fertigungsprozess oder direkt im Anschluss in die Prozesskette einzuführen, um Fehler frühzeitig zu erkennen [8]. So kann verhindert werden, dass Ausschussteile weitere Prozessschritte durchlaufen und Kosten verursachen [12].
Neben der Qualitätssicherung und der Erhöhung der Prozessstabilität zur Reduktion von Ausschuss sind die geringen Aufbauraten und die hohen Kosten die größten Herausforderungen bei der Industrialisierung der Additiven Fertigung [9]. Daher rücken zunehmend etablierte Auftragschweißverfahren in den Fokus, um diese Herausforderungen zu überwinden.

2.1.1 Grundlagen des Auftragschweißens

Die Auftragschweißverfahren fallen unter den Verfahrenskomplex des Materialauftrags mit gerichteter Energieeinbringung [7]. In diesem Komplex werden Verfahren beschrieben, die mithilfe von Laser-, Elektronenstrahlen und Licht- oder Plasmabö-

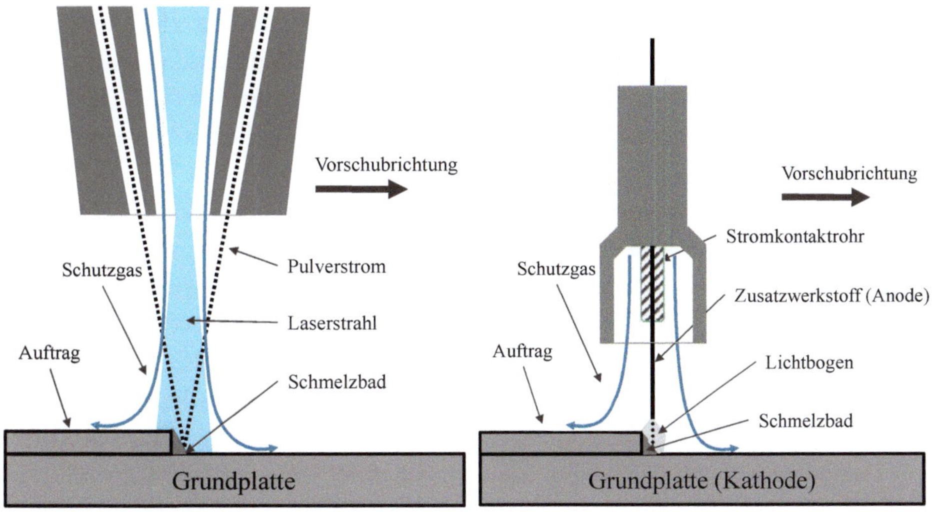

(a) Laser-Pulverauftragschweißen (in Anlehnung an [4])

(b) Lichtbogenauftragschweißen

Abb. 2.2: Schematische Darstellung gängiger Auftragschweißverfahren

gen fokussiert Wärmeenergie in eine Grundplattform einbringen. In das dabei entstehende Schmelzbad wird gleichzeitig ein metallischer Zusatzwerkstoff in Form von Pulver oder Draht hinzugefügt, der sich bei Erstarrung zu einzelnen Materialspuren ausbildet [13]. Durch die Kombination mehrerer Einzelspuren können zweidimensionale, flächige Beschichtungen sowie dreidimensional geformte Bauteile hergestellt werden [14].

Der ausführende Prozesskopf, der zum Beispiel als Laseroptik oder Lichtbogenbrenner ausgeführt sein kann, wird dabei von einer portalbasierten Werkzeugmaschine oder einer mehrachsigen Roboterkinematik positioniert. Ergänzend zur primären Bewegungskinematik kann das System durch weitere Zusatzachsen ergänzt werden. Typische Materialien, die in den additiven Auftragschweißprozessen zum Einsatz kommen, sind Legierungen basierend auf Titan, Inconel, Aluminium, Stahl und Edelstahl [9].

Die Prozesse für die dreidimensionale, generierende Bauteilherstellung werden durch vergleichsweise hohe Auftragsraten im Vergleich zu anderen AM-Prozessen charakterisiert. Laser- und lichtbogenbasierte Verfahren zeigen aktuell die weiteste industrielle Verbreitung im Bereich des Auftragschweißens [1]. Die beiden Verfahren sind in Abbildung 2.2 schematisch dargestellt.

Typische Schichtdicken im Laserauftragschweißprozess liegen zwischen 0,2 und 4 Millimetern bei Laserleistungen von 1 bis 10 kW. Daraus ergeben sich Aufbauraten von 1 bis 12 kg/h [9]. Die Erzeugung der Einzelschichten erfolgt auf Basis der aus der CAM-Planung vordefinierten Pfade. Diese Bewegungen werden durch die

Bewegungskinematiken im Prozess ausgeführt. Die erzeugten Einzelspuren werden durch die Merkmale Aufmischungsgrad, Spurhöhe und Spurbreite charakterisiert, welche maßgeblich von den Prozessparametern beeinflusst werden [15]. Der für die CAM-Planung auf der Spurhöhe aufsetzende, essenzielle Schichthöhenversatz wird zunächst auf Basis empirischer Versuche ermittelt.
Beim Laserauftragschweißen, im Englischen Laser Metal Deposition (LMD), kommen sowohl Draht als auch Pulver als Zusatzwerkstoff zum Einsatz. Daher unterscheiden sich die Prozessdüsen in ihrer Gestalt. Drahtmaterial wird meist lateral oder koaxial zugeführt. Für die koaxiale Zuführung wird der Laserstrahl speziell geformt, um eine Durchführung des Drahts zu ermöglichen [16, 17]. Die pulverbasierten Auftragschweißdüsen unterscheiden sich hinsichtlich des Pulveraustritts in drei unterschiedliche Funktionstypen. Es gibt koaxiale, diskrete und laterale Düsen [10]. Das pulverbasierte Verfahren zeichnet sich durch eine höhere Materialvielfalt aus. Um das Schmelzbad und die nicht erstarrten Bereiche vor der Kontamination durch die Umgebungsluft zu schützen, kommt Schutzgas zum Einsatz, welches meist aus Argon oder Helium besteht. Dieses wird zum einen durch die Prozessdüsen, zum anderen durch geeignete Schutzgaskammerkonzepte zugeführt.
Beim Lichtbogenauftragschweißen, im Englischen Wire Arc Additive Manufacturing (WAAM), bildet ein metallischer Draht das Zusatzmaterial. Als Schweißprozess kommen meist Metall-Aktiv-Gas-Verfahren (MAG) oder Metall-Inert-Gas-Verfahren (MIG) zum Einsatz. Bei diesen dient das Drahtmaterial gleichzeitig als Elektrode, die beim Berühren der Grundplattenkathode den Lichtbogen zündet und abschmilzt. Lichtbogenschweißbrenner sind durch einen geraden oder gebogenen Brennerhals, als auch einer Schutzgasdüse gekennzeichnet. Üblicherweise sind im Vergleich der beiden Technologien durch den Laserauftragschweißprozess feinere Strukturen möglich, was aber zulasten der Auftragsrate geht [18].
Die Auftragschweißprozesse und damit auch die resultierende Bauteilqualität sind durch mindestens 35 Einflussfaktoren, die wiederum unterschiedliche Untereinflüsse besitzen, gekennzeichnet [4]. Die durch die Einflussfaktoren entstehenden systematischen Fehler (zum Beispiel Bedienungsfehler, Pulverzusammensetzungen, Düsenabstand zur Oberfläche) und statistischen Fehler (zum Beispiel Roboterpositionierung) führen zu Abweichungen und Fehlstellen in der entstehenden Geometrie (siehe Abbildung 2.3).

2.1.2 Variation der Schichtgeometrie

Die Ausbildung der Schichtgeometrie ist abhängig von der Wärmeenergiebilanz in der erzeugten Struktur. Die Wärmebilanz ist wiederum von den Prozessparametern wie Prozessenergie, Vorschubgeschwindigkeit und Schweißstrategie abhängig [4].

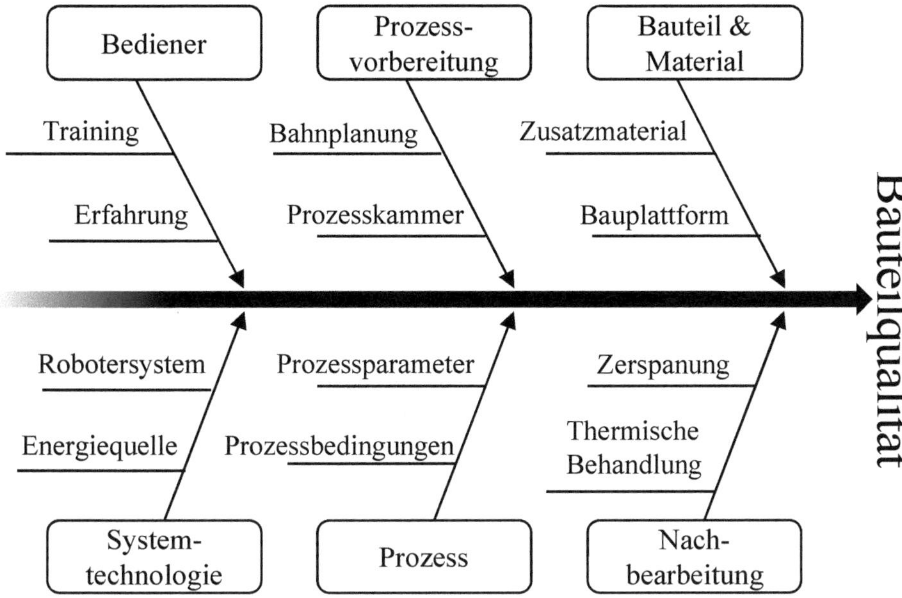

Abb. 2.3: Einflussfaktoren auf den Auftragschweißprozess (in Anlehnung an [4])

Befindet sich mehr Wärme im Bauteil, entsteht beim Aufschmelzen durch die Energiequelle ein größeres Schmelzbad, welches zu einer breiteren Schweißnaht sowie einem stärkeren Aufmischungsgrad (Verhältnis von Aufschweißbereich zu Nahtquerschnitt) führt. Aufgrund der Komplexität der Modellierung aller Prozessparameter der Auftragschweißprozesse und der daraus resultierenden Wärmeübertragung ist daher eine Vorhersage der Schichthöhe entlang der gesamten Bauteilgeometrie nur bedingt möglich. Die veränderlichen Schichtgeometrien führen daher zu Abweichungen von der Sollgeometrie sowie kontinuierliche Änderungen der Prozessbedingungen durch variierende Prozesskopfabstände [19].
Die Abweichung von der Sollspurhöhe innerhalb der einzelnen Schicht variieren meist im Bereich von 10 bis 100 Mikrometern. Durch den schichtweisen Aufbau addieren sich diese Fehler, wodurch das finale Bauteil seine Maßhaltigkeit und definierten metallurgischen Eigenschaften einbüßt [20]. Durch die Abweichung von der Sollspurhöhe verändert sich zudem kontinuierlich der Abstand zwischen der Prozessdüse und der Oberfläche [19]. Beim Laserauftragschweißen führt dies zu einer Veränderung der Streckenenergie, die als Leistung pro Fläche definiert ist, sowie zu einem veränderten Materialübergang des Zusatzmaterials [21]. Beim Lichtbogenauftragschweißen kommt es zusätzlich zu einer Destabilisierung des Lichtbogens, was zu Positionsänderungen des Schweißpunktes und erhöhter Spritzerbildung führen kann [22]. Um diese qualitätsreduzierenden Abweichungen zu detektieren, ist eine In-Prozessüberwachung notwendig.

Tabelle 2.1: Übersicht unterschiedlicher Vermessungsansätze für die geometrische Regelung

Messmittel	**Funktionsprinzip**	**Messgröße**	**Wissenschaftliche Arbeiten**
Laterale CMOS-Kamera	Optisches 2D-Bild (visuell)	Perspektivische Maße der Schicht	[15, 25, 24]
Schmelzbadkamera im Strahlengang	Optisches 2D-Bild (thermografisch oder visuell)	Durchmesser des Schmelzbades	[26, 27]
Lasertriangulation	Triangulatorische Vermessung	Geometrische Maße der Schicht	[28, 29, 30, 31, 19, 32]
Optische Koherenz-tomographie	Weißlicht-Interferometrie	Abstandes zwischen Sensorsystem und Oberfläche	[33, 34]
Pyrometer	Wärmestrahlung	Temperatur des Schmelzbades	[25, 35, 36]

2.1.3 In-Prozessüberwachung

Für die Erfassung der auftretenden Abweichungen und Instabilitäten wird die geometrische In-Prozessqualitätssicherung in Verbindung mit einer In-Prozessregelung empfohlen [4, 19, 21, 23, 24].

Ziel dieser Regelung ist die Stabilisierung des Aufbauprozesses und der resultierenden mechanischen Eigenschaften des Bauteils. Als Stellgrößen kommen unterschiedliche Prozessparameter zum Einsatz. Übliche Parameter sind die Leistung, Vorschubgeschwindigkeit oder die Materialzuführung. Letztere hat sich in pulverbasierten Auftragschweißprozessen aufgrund der langsamen Reaktionszeit als ungeeignet erwiesen. Für die Vermessung der Abweichungen kommen unterschiedliche optische und taktile Sensorsysteme zum Einsatz, die entweder primäre oder sekundäre Messgrößen aufnehmen, um auf die geometrische Ausprägung der aufgetragenen Schichten zu schließen. Einige der unterschiedlichen Ansätze und deren Sensorsysteme zur Erfassung von geometrischen Unregelmäßigkeiten sind in Tabelle 2.1 zusammengefasst.

Bei der geometrischen Vermessung und Regelung wird in der Praxis ein Schwerpunkt auf optische, berührungslose Messtechnik gelegt. Aufgrund der Robustheit des Verfahrens und der Vermessung primärer Messgrößen spielt die Vermessung auf Basis der Lasertriangulationsmessung eine große Rolle im Bereich der Auftragschweißverfahren. Die Sensorsysteme werden sowohl zur schichtweisen sowie

zur direkten Regelung des Prozesses eingesetzt. Bei der schichtweisen Strategie erfolgt die Vermessung zwischen den einzelnen Schichten. Dabei wird zunächst die Schicht aufgetragen und anschließend mithilfe des Sensorsystems vermessen. Für die Vermessung während des Schweißprozesses wird ein vorlaufender und ein nachlaufender Triangulationssensor verwendet [37]. Da die Prozesse aber meist eine multidirektionale Prozessführung ohne Umorientierungen ermöglichen [34], ist ein solcher Aufbau nur mit Produktivitätseinbußen einsetzbar. In der Forschung werden stattdessen beim laserbasierten Auftragschweißen optikintegrierte Messsysteme untersucht, bei denen die in die Laseroptik eingekoppelte Schmelzbadkamera als Detektionseinheit verwendet wird [37, 30].
Die größte Verbreitung in der Literatur und in der Industrie weisen aber heutzutage aufgrund ihres flexiblen Einsatzbereichs die klassischen Lasertriangulationssysteme für die geometrische Vermessung auf. Im nächsten Abschnitt wird näher auf diese Systeme eingegangen.

2.2 Roboterbasierte 3D-Messtechnik

Aufgrund ihrer Flexibilität und im Vergleich zu konventionellen Koordinatenmessmaschinen geringen Anschaffungskosten kommen in der Produktion vermehrt roboterbasierte 3D-Messsysteme zum Einsatz [38, 39, 40]. Sie werden dort sowohl zur Qualitätssicherung, als auch zur Lokalisierung und Identifikation von Bauteilen verwendet [41]. Wie im vorherigen Abschnitt beschrieben, gibt es auch in der auftragschweißbezogenen, additiven Fertigung einen Trend zur optischen Qualitätssicherung im Prozess. Im Folgenden werden daher die einzelnen Elemente und Grundlagen gängiger Linien-Lasertriangulationssysteme und deren Modellierung in Kombination mit Robotersystemen näher erläutert.

2.2.1 Linien-Lasertriangulation

Linien-Lasertriangulation ist ein optisches Messverfahren zur 3D-Formerfassung. Es handelt sich um ein aktives Vermessungsverfahren. Dabei wird ein linienförmiger Laserstrahl einer Laserstrahlquelle auf die Oberfläche eines Werkstücks projiziert. Die auftreffenden Strahlen werden auf der Werkstückoberfläche reflektiert. Der diffuse Anteil der reflektierten Strahlen wird durch ein Objektiv auf einer Detektormatrix, wie einem CMOS-Kamera-Chip (Complementary Metal Oxide Semiconductor, CMOS), abgebildet und durch die Bildverarbeitungsalgorithmen der Kameraeinheit detektiert [42]. Durch die geometrischen Zusammenhänge erfolgt auf Basis der Strahlenposition auf dem zweidimensionalen Sensor-Chip eine Berech-

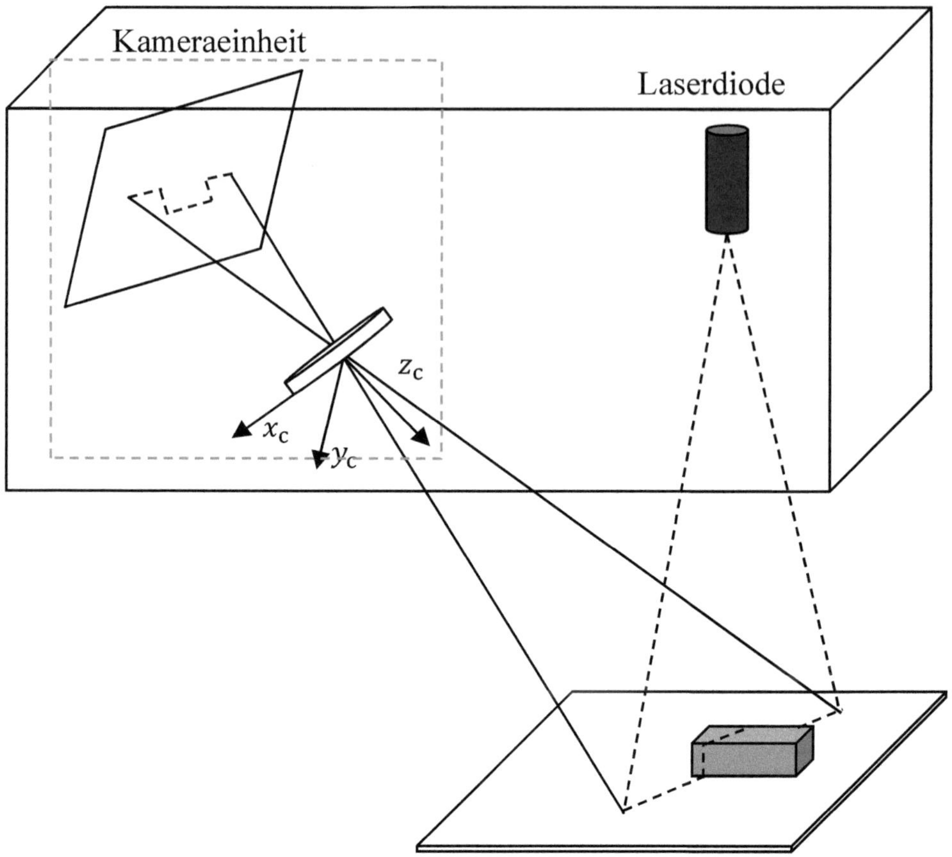

Abb. 2.4: Abstrahierte Darstellung eines Linien-Lasertriangulationssensors

nung des dreidimensionalen Messvektors zwischen Sensorkoordinatensystem und Werkstückoberfläche. Die Bestimmung der Strahlenposition in Subpixelkoordinaten erfolgt meist auf Basis von Schwerpunkt-, Maximalwert- oder Faltungsverfahren, wie dem auf einer endlichen Impulsantwort (Finite Impulse Response filter, FIR) aufsetzenden FIR-Peak-Algorithmus [43]. Abbildung 2.4 zeigt den schematischen Aufbau eines Lasertriangulationssensors bei der Messung.

Aufgrund der physikalischen Zusammenhänge ist ausschließlich die diskrete Berechnung eines Höhenprofils innerhalb der Laserebene möglich. Zur Vermessung eines dreidimensionalen Objektes im Raum wird der Sensor mit einer Bewegungskinematik kombiniert und über das Bauteil geführt. Die Auflösung des durchgeführten Scans hängt dabei von der Auflösung entlang der Laserlinie und von der Bildfrequenz des Sensorsystems ab. Linien-Lasertriangulationssensoren kommen häufig in Koordinatenmessmaschinen zur Bauteilvermessung zum Einsatz. Des Weiteren werden sie für In-Prozessmessung zur Bauteilvermessung auf Fließbändern, in der Schweißnahtverfolgung und für die Kleberaupenvermessung eingesetzt [42, 44].

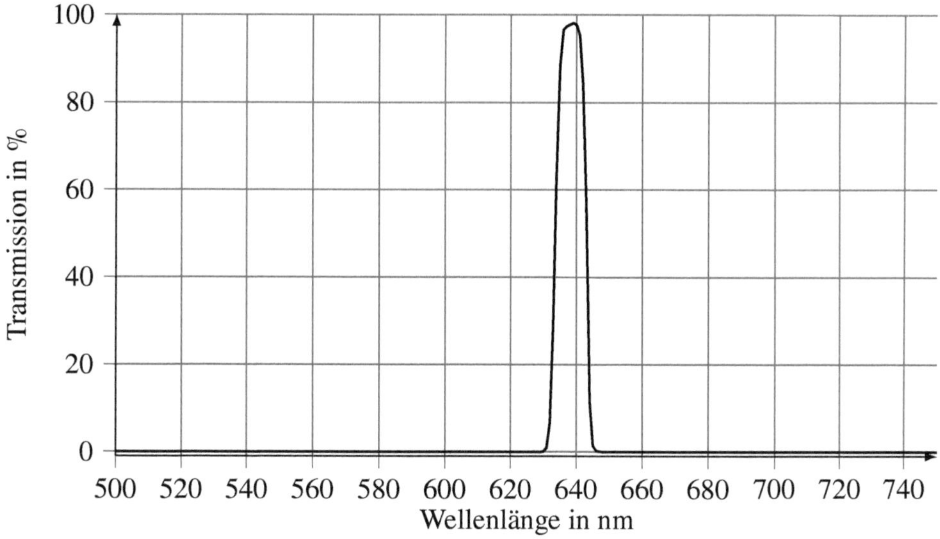

Abb. 2.5: Transmissionskurve eines Bandpassfilters mit Zentralwellenlänge 640 nm und Halbwertsbreite 10 nm (in Anlehnung an [49])

Heutige Sensorsysteme sind durch typische Messgenauigkeiten nach DIN EN ISO 10360-8 [45] von 1/100 bis zu 1/1000 Millimetern charakterisiert [40, 46, 47]. Die Genauigkeit des Sensorsystems ist aber immer applikationsabhängig [48]. Die Höhenauflösung der Sensorsysteme hängt vom Arbeitsabstand sowie dem Triangulationswinkel ab. Typische Arbeitsabstände liegen im Bereich von 1 bis 1000 Millimetern [42].

Dabei kommen hauptsächlich Laser im optischen Wellenlängenspektrum zum Einsatz. Typische Wellenlängen liegen im Bereich von 405 und 640 Nanometern [44]. Die Laser werden meist im Bereich von Laserklasse 2 - 3B gekennzeichnet. Die höheren Leistungen in Laserklasse 3B machen den Sensor widerstandsfähiger gegenüber Interferenzen durch umweltbedingte Streustrahlung [41]. Komplementär zur Laserwellenlänge werden Lasertriangulationssensoren mit Bandpassfiltern ausgestattet, um eine ungestörte Detektion der Laserlinie zu ermöglichen. Abbildung 2.5 zeigt die Transmissionskurve eines typischen Bandpassfilters mit 640 Nanometer zentraler Wellenlänge und einer Halbwertsbreite von 10 Nanometern, der hauptsächlich die Strahlung des 640 Nanometer-Linienlasers transmittiert.

Aktuelle Entwicklungen im Bereich der On-Chip-Datenverarbeitung ermöglichen Messfrequenzen von bis zu 200 kHz [50]. Die Messunsicherheit lasertriangulatorischer Systeme ist durch unterschiedliche Einflüsse gekennzeichnet. Das grundlegende Messrauschen wird maßgeblich durch den Laserspeckle-Effekt beeinflusst. Durch die Rauheit der zu vermessenden Objektoberfläche in der Größenordnung der Laserwellenlänge werden die Laserstrahlen zufällig phasenverschoben reflektiert, was

sich als Interferenzen und Auslöschungen auf der Sensormatrix darstellt [51]. Neben weiteren Einflussfaktoren wie der Abschattung und den Hell-Dunkelübergängen haben die generellen Oberflächeneigenschaften einen Effekt auf die Reflexion. Spiegelnde Oberflächen verhindern die für das Messprinzip essenzielle diffuse Reflexion. An transparenten Oberflächen wird die Laserlinie an beiden Grenzschichten reflektiert [41].
Die Verarbeitung der durch den Subpixelalgorithmus detektierten Messdaten erfolgt auf Basis mathematischer Sensormodelle. Eines der Modelle wird im nächsten Abschnitt näher erläutert.

2.2.1.1 Mathematische Sensormodellierung

Die Modellierung des lasertriangulatorischen Sensorsystems dient zur Abbildung der 2D-Messdaten in die dreidimensionale Welt. Sie erfolgt meist auf Basis geometrischer Zusammenhänge und Abbildungsfehler. Die Sensormodelle setzen sich dabei meist aus den intrinsischen, laserebenenbezogenen und extrinsischen Modellgleichungen zusammen, bei denen auf ein erweitertes Lochkameramodell aufgesetzt wird [41]. In Abbildung 2.6 ist ein entsprechendes geometrisches Sensormodell schematisch dargestellt.
Zur Modellierung der optischen Kamera wird das ideale Lochkamera-Modell durch linsenbezogende Verzeichnungsmodelle, die eine Kompensation der Bildverzeichnung realisieren, erweitert. Daher setzen sich übliche Kameramodelle aus den fünf Elementen Hauptpunktverschiebung, Kippwinkelfehler, Linsenverzerrung, Bildweite und extrinsische Transformation zusammen [53].
Zunächst erfolgt die Hauptpunktverschiebung der über den Subpixelalgorithmus detektierten Laserlinie auf der Sensorebene nach Gleichung 2.1, da sich in der Bildverarbeitung Koordinatensysteme in der Ecke der Sensorebene etabliert haben [53]. Gleichzeitig wird die Skalierung $(S_\mathrm{x}, S_\mathrm{y})$ der Pixelkoordinaten in das skalierte Koordinatensystem vorgenommen.

$$\begin{pmatrix} x_\mathrm{s} \\ y_\mathrm{s} \end{pmatrix} = \begin{pmatrix} (x_0 + C_\mathrm{x})/S_\mathrm{x} \\ (y_0 + C_\mathrm{y})/S_\mathrm{y} \end{pmatrix} \tag{2.1}$$

Anschließend werden durch die Gleichung 2.2 etwaige Kippwinkelfehler bezogen auf die orthogonale Ausrichtung der Sensorebene bezüglich der optischen Achse ausgeglichen oder eine Scheimpfluganordnung für die Realisierung einer scharfen Abbildung bei geneigter Objektebene berücksichtigt [53]. Weitere Modelle verwenden eine tangentiale Verzeichnung für die Beschreibung dieser Ausrichtungsfehler [54].

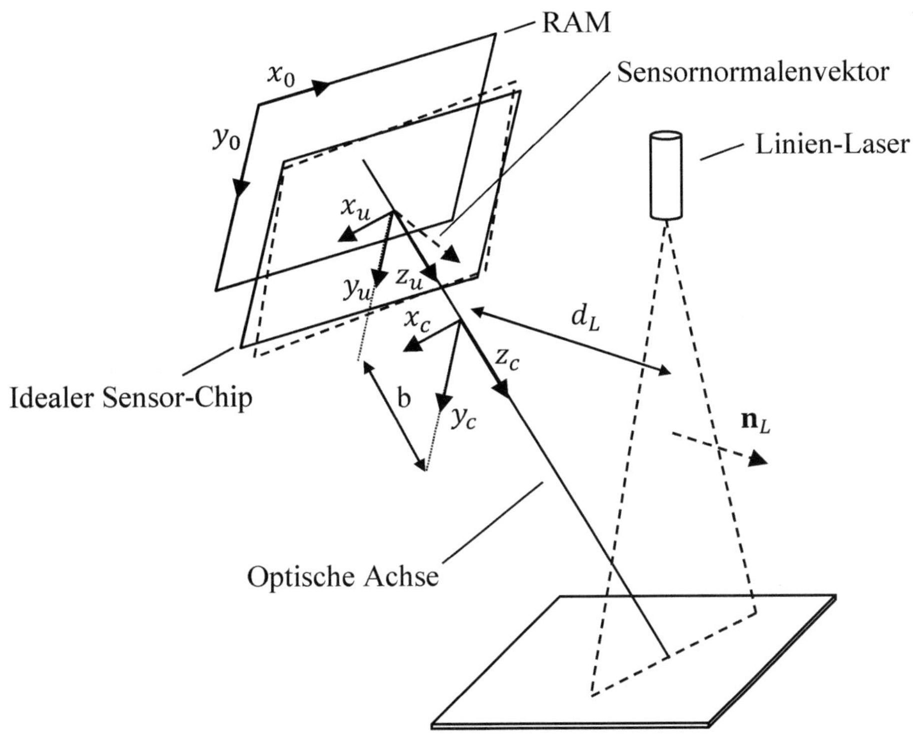

Abb. 2.6: Schematische Darstellung des Sensormodells eines Linien-Lasertriangulationssensors (in Anlehnung an [52])

$$\begin{gathered}
\begin{pmatrix} x_\mathrm{v} \\ y_\mathrm{v} \end{pmatrix} = \begin{pmatrix} x^\mathrm{I}_\mathrm{Sx} \\ y^\mathrm{I}_\mathrm{Sy} \end{pmatrix}, \quad \text{mit} \quad \mathbf{y}^\mathrm{I}_\mathrm{S} = \mathbf{p}^\mathrm{I}_1 + \frac{\left(\mathbf{p}^\mathrm{I}_1 \mathbf{e}^\mathrm{I}_\mathrm{z}\right)\left(\mathbf{p}^\mathrm{I}_1 - \mathbf{p}^\mathrm{I}_2\right)}{\left(\mathbf{p}^\mathrm{I}_2 - \mathbf{p}^\mathrm{I}_1\right)\mathbf{e}^\mathrm{I}_\mathrm{z}} \\
\text{mit} \quad \mathbf{p}^\mathrm{I}_1 = \mathbf{R}_\mathrm{y}\left(\alpha_\mathrm{y}\right)\mathbf{R}_\mathrm{x}\left(\alpha_\mathrm{x}\right)\mathbf{y}^{\mathrm{v}'}_\mathrm{S}, \quad \mathbf{y}^{\mathrm{v}'}_\mathrm{S} = \begin{pmatrix} x^\mathrm{S} \\ y^\mathrm{S} \\ 0 \end{pmatrix}, \quad \mathbf{p}^\mathrm{I}_2 = \begin{pmatrix} 0 \\ 0 \\ b \end{pmatrix}
\end{gathered} \tag{2.2}$$

Die durch das Objektiv entstehende radiale Linsenverzerrung wird mithilfe einer Taylor-Reihe approximiert. Dabei haben sich das Modell nach Brown-Conrady als auch Divisionmodelle etabliert [55, 56, 57]. Die Divisionsmodelle, siehe Gleichung 2.3, ermöglichen im Vergleich eine Beschreibung der Verzerrung durch weniger Polynomterme, was eine höhere Stabilität des Modells ermöglicht [56, 58, 59].

$$\begin{pmatrix} x_\mathrm{u} \\ y_\mathrm{u} \end{pmatrix} = \begin{pmatrix} \frac{x_\mathrm{v}}{1+k_1 r^2 + k_2 r^4} \\ \frac{x_\mathrm{v}}{1+k_1 r^2 + k_2 r^4} \end{pmatrix} \quad \text{mit} \quad r^2 = x_\mathrm{v}^2 + y_\mathrm{v}^2 \tag{2.3}$$

Nach der Entzerrung können die Bilddaten für die Extraktion der Laserlinie verwendet werden. Die geometrische Beziehung zwischen Kamera und Laserebene wird durch unterschiedliche Methoden beschrieben. In [60] wird die homographische Transformation zwischen Sensor-Chip und Messbereich auf der Laserebene für die Beschreibung verwendet. Ein anderer Ansatz beschreibt die Beziehung unter anderem durch den Triangulationwinkel [54]. Des Weiteren kann die Beziehung auch durch sehstrahlbasierte Modelle modelliert werden [41, 61, 62]. Dazu folgt auf die Entzerrung die Zentralprojektion mithilfe der Bildweite b in das Kamerakoordinatensystem durch die Gleichung 2.4.

$$\mathbf{x}_\mathrm{c} = \mathbf{K}\mathbf{x}_\mathrm{u} \quad \text{mit} \quad \mathbf{K} = \begin{pmatrix} z_\mathrm{c}/b & 0 & 0 & 0 \\ 0 & z_\mathrm{c}/b & 0 & 0 \\ 0 & 0 & 0 & -b \\ 0 & 0 & 0 & 1 \end{pmatrix} \tag{2.4}$$

Mit der Annahme von $z_\mathrm{c} = 1$ ergibt sich der Vektor auf dem Kamerachip im Kamerakoordinatensystem. Die Laserebene wird anschließend in Hessischer Normalenform im Kamerakoordinatensystem, wie in Gleichung 2.5, beschrieben [57, 63]. Die Normalenform setzt die Ebene dabei aus einem normierten Normalenvektor $\mathbf{n}_\mathrm{L}$ und einem dazugehörigen Distanzwert d_L zusammen.

$$\mathbf{n}_\mathrm{L}^\mathrm{t}\mathbf{x}_\mathrm{S} = d_\mathrm{L} \tag{2.5}$$

Durch die optische Verzeichnung beim Aufweiten der Laserlinie weicht die Laserlinie von der idealen Ebene, wie sie in Gleichung 2.5 beschrieben ist, ab. Diese Verzeichnung kann zusätzlich durch weitere Parameter berücksichtigt werden [64]. Für die Digitalisierung dreidimensionaler Strukturen wird, wie oben beschrieben, das Sensorsystem mit einer Handhabungseinheit gekoppelt.

Das digitale Abbild wird durch die Verknüpfung von unterschiedlichen ortsabhängigen Profilmessungen in einem gemeinsamen, ortsfesten Koordinatensystem erzeugt. Diese notwendige Transformation der Messdaten erfolgt über eine oder mehrere homogene Transformationen, die Position und Orientierung des bewegten Koordinatensystems im ortsfesten Koordinatensystem beschreibt [41]. Die Gleichung 2.6 beschreibt diese extrinsische homogene Transformation durch die Euler-Drehmatrix $\mathbf{R} \in \mathbb{R}^3$ und den Translationsvektor $\mathbf{t} \in \mathbb{R}^3$.

$$\mathbf{T}_\mathrm{ext} = \begin{pmatrix} \mathbf{R} & \mathbf{t} \\ 0 & 1 \end{pmatrix} \tag{2.6}$$

Tabelle 2.2: Zusammenfassung der Modellparameter eines Lasertriangulationssensors

Parameter	Variable	Einheit
Hauptpunktverschiebung	C_x, C_y	Pixel
Skalierung	S_x, S_y	$\frac{\text{Pixel}}{\text{m}}$
Kippwinkelkoeffizienten	α_u , α_v	Rad
Radiale Linsenkoeffizienten	k_1 , k_2	$\frac{1}{m^2}$, $\frac{1}{m^4}$
Bildweite	b	m
Normalenvektor der Laserebene	$\mathbf{n}_L$	-
Distanz der Laserebene	d_L	m
Rotation	$\mathbf{R}$	-
Translation	$\mathbf{t}$	m

In Tabelle 2.2 sind die Parameter des beschriebenen Messsystems zusammengefasst. Die beschriebenen Parameter des Messsystemmodells sind durch unterschiedliche Messunsicherheiten gekennzeichnet. Auf diese Unsicherheiten wird im nächsten Abschnitt näher eingegangen.

2.2.1.2 Unsicherheit von Messsystemen

Die Aufgabe von Messsystemen ist die Erfassung physikalischer Größen mit einer vorgegebenen Genauigkeit. Aufgrund unterschiedlicher Einflussfaktoren, wie dem Messverfahren oder dem Anwender, ist jede Messung mit einer Messunsicherheit belegt. Die Messunsicherheit eines Triangulationssensors wird durch unterschiedliche Faktoren beeinflusst, die auf das Messergebnis wirken. In Abbildung 2.7 sind typische Einflussfaktoren bei der dreidimensionalen Vermessung mittels Triangulationssensoren zusammengefasst.

Die Messunsicherheit beschreibt die Genauigkeit des gemessenen Werts beziehungsweise den Bereich der Messwerte, die als Schätzwerte für den wahren Wert verwendet werden können [66]. Dabei wird meist angenommen, dass keine Korrelationen zwischen den Parametern des zugrundeliegenden Modells bestehen [67].

Die auftretenden Messfehler des Sensorsystems werden in systematische und zufällige Abweichungen unterteilt. Der systematischen Fehler tritt unter gleichen Betriebsbedingungen konstant entlang der gesamten Messreihe auf. Dabei wird zwischen bekannten und unbekannten systematischen Fehlern unterschieden [42]. Die bekannten systematischen Fehler sind grundsätzlich vor einer Messunsicherheitsbetrachtung zu beheben und werden im Folgenden nicht mehr berücksichtigt. Somit gehen nur die

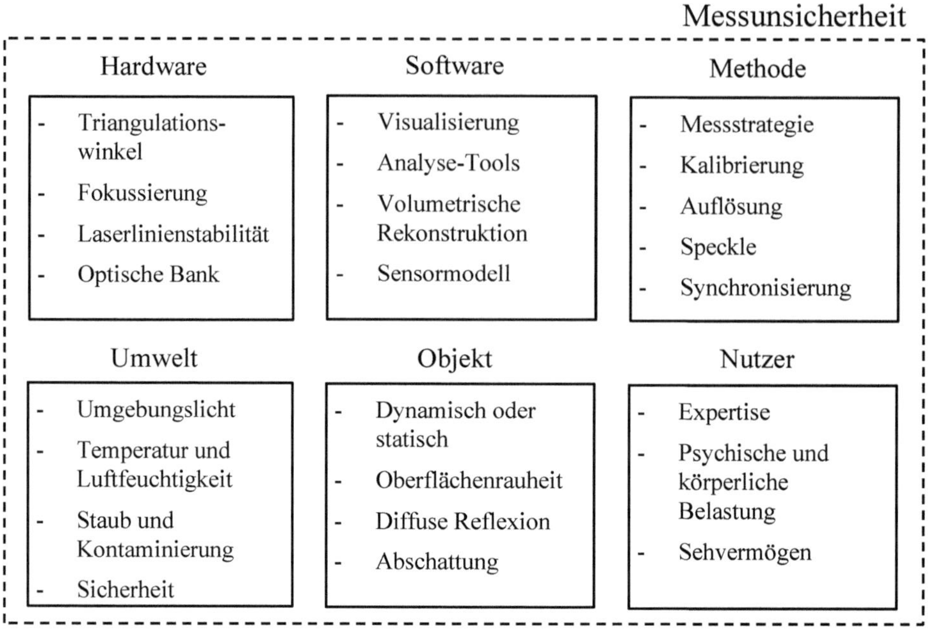

Abb. 2.7: Typische Einflussfaktoren auf die Vermessung mit Lasertriangulationssensoren (in Anlehnung an [65])

unbekannten systematischen Fehler, die durch unbekannte Einflüsse auftreten, in die Messunsicherheit ein [52, 67]. Die zufälligen Fehler sind durch unvorhersehbare zeitliche und räumliche Variationen stochastisch über eine Messschar verteilt. Diese Fehler beschränken die Aussagekraft der einzelnen Messung. Der Erwartungswert dieser mittelwertfrei angenommenen Rauschprozesse ist Null. Durch den zentralen Grenzwertsatz lassen sie sich durch die Standardabweichung der Normalverteilung der Messschar beschreiben. Der Erwartungswert der Messschar wird somit durch den systematischen Fehler beschrieben [67, 52].

Um die Messunsicherheit des Systems zu analysieren, ist die Kenntnis über die Auswirkung von Fehlern entlang der Messkette wichtig. Sind diese Verteilungen überwiegend normalverteilt, lässt sich mit ihren Standardabweichungen die Messunsicherheit des Systems beschreiben [67]. Eine Analyse der Signifikanz der Einflussgrößen bzw. der Modellparameter ist mithilfe der Singulärwertzerlegung (SVD) und dem Gaußalgorithmus der systembezogenen, globalen, inversen Jacobi-Matrix möglich. Durch die Ranganalyse und die Sortierung nach der Signifikanz ist eine Evaluierung des Einflusses auf das Messergebnis möglich. Parameter mit einem hohen $\sigma_{s1}/\sigma_{sk}, k \in \{2, \ldots, \mathrm{Min}\{IM, P\}\}$ haben einen größeren Einfluss auf die Parameteridentifikation als andere [52, 68]. Die Analyse erfolgt auf Basis empirischer Eingangs- und Ausgangsdaten. Die Jacobi-Matrix $\mathbf{J}_p$ an den Entwicklungspunkten der Daten wird durch die partiellen Ableitungen des Modells auf Basis der Differenzenquotienten wie in Gleichung 2.7 berechnet.

$$\mathbf{J}_{\mathrm{p}} = \left(\frac{\delta \mathbf{f}}{\delta \mathbf{p}} \right) \tag{2.7}$$

Im Rahmen einer Kalibrierung kann die Abweichung des Messwerts zu einem Referenzwert ermittelt werden, um mithilfe einer Justage die unbekannten systematischen Fehler zu reduzieren [69, 70]. Die Justage erfolgt meist mithilfe der Identifikation der Sensormodellparameter. Eine vollständige Elimination der Fehler ist aufgrund einer stets unvollständigen Modellierung nicht realisierbar. Im nächsten Abschnitt werden gängige Kalibrierungsstrategien aus dem Stand der Technik näher erläutert.

2.2.1.3 Kalibrierung des Systemmodells

Die Bestimmung der oben beschriebenen Modellparameter erfolgt mithilfe von Kalibrierungsmethoden. Ziel dieser Kalibrierung ist die Anpassung der Parameterwerte, um eine möglichst genaue Modellierung des Systems zu realisieren. Bei der Kalibrierung werden die systematischen Fehler korrigiert. Die zufälligen Fehler lassen sich aufgrund der Annahme mittelwertfreier Rauschprozesse nicht kalibrieren [52]. Die Kalibrierung erfolgt dabei auf Basis von empirischen Messwerten von bekannten Referenzkalibrierkörpern [41].
Die Literatur teilt die Kalibrierung von lasertriangulatorischen Roboter-Sensorsystemen in drei Stufen auf [41]. Dabei wird zunächst die Kamera-, anschließend die Laserebenen- und zuletzt die Hand-Auge-Kalibrierung durchgeführt. Im Folgenden werden die einzelnen Stufen und gängige Kalibrierungsmethoden näher erläutert.

Kamera-Kalibrierung

Eine gängige Methode zur Kalibrierung des Kameramodells ist die Schachbrettmethode nach Zhang [71]. Bei dieser Methode dient ein Schachbrett mit bekannter Felderanzahl und -größe als Referenzobjekt, welches durch scharfe Gradienten eine Detektion der Kreuzungspunkte ermöglicht [72]. Während der Kalibrierung werden Bildaufnahmen mit unterschiedlichen Schachbrett-Posen (Position und Orientierung) mit der Kamera durchgeführt. Durch die Kenntnis über die Kantenlänge der Schachbrettfelder wird die extrinsische Transformation zwischen Kamera und Schachbrett und dadurch die intrinsischen Parameter des Modells mithilfe von Minimierungsalgorithmen bestimmt.

Laserebenenkalibrierung

Die Laserebenenkalibrierung erfolgt ebenfalls auf Basis von Referenzobjekten, die im gewünschten Messbereich des Sensorsystems positioniert und statisch detektiert werden. Als Referenzobjekt kann ebenfalls ein Schachbrett oder ein ähnliches planares Objekt mit bekannten Dimensionen zum Einsatz kommen. Dabei wird die Kenntnis über die Pose des Schachbretts im Kamerakoordinatensystem genutzt, um die Korrespondenz zwischen detektierter Laserebene und der Laserebene im Raum zu ermitteln [57, 62, 73]. Andere Ansätze verwenden dreidimensionale Referenzkörper mit bekannten Dimensionen, wie Sägezahn-, Treppenstufen oder Kugeln [61, 41].

Hand-Auge-Kalibierung

Die Hand-Auge-Kalibrierung dient zur Bestimmung der externen Transformation $\mathbf{T}_{\text{ext}}$. In Roboteranwendungen beschreibt sie meist die Transformation zwischen dem Sensor- und dem Roboterflanschkoordinatensystem. Um eine Transformation in ein ortsfestes Koordinatensystem, zum Beispiel der Roboterbasis, zu vollziehen, muss diese Transformation bekannt sein. Zur Bestimmung werden in der Literatur unterschiedliche Methoden verwendet.
Eines der häufigsten Referenzobjekte für die Kalibrierung ist eine hochgenaue Referenzkugel mit bekanntem Radius [74]. Die Methoden setzen dabei meist auf Einzelmessungen, durch die in Kombination mit der gemessenen Roboterpose der Mittelpunkt der gemessenen Kugel über einen Ausgleichskreis ermittelt werden kann [75]. Dieser und der bekannte Kugelmittelpunkt im Raum bilden zusammen das zu minimierende Residuum. Um die Fehler durch lineare Abhängigkeiten der Parameter zu reduzieren, findet die Berechnung der Translations- sowie Rotationsparameter meist separiert statt. Im ersten Schritt wird die Rotationsmatrix bei konstanter Orientierung und im zweiten Schritt der Translationsvektor bei konstanter Position mittels einer Kleinster-Quadrate-Methode bestimmt [74, 41].
Neben der beschriebenen dreistufigen Vorgehensweise gibt es auch Ansätze zur direkten Kalibrierung aller Modellparameter auf Basis eines Referenzobjekts [76, 54]. Bei dieser Vorgehensweise sind aber lineare Abhängigkeiten zwischen den Modellparametern zu beachten.

2.2.2 Minimierung für die Kalibrierung

Die Parameteridentifikation eines parametrischen Systems ist aufgrund von nicht exakten und störungsfreien Messungen der Eingangs- und Ausgangsgrößen durch systematische und zufällige Identifikationsfehler gekennzeichnet [52]. Um die Abweichung des Systemmodells vom beobachteten Verhalten zu messen, werden die Systeme für die Optimierung der Fehlerquadrate (engl. Least-Square) in Form von Gleichung 2.8 beschrieben.

$$\begin{gathered}\mathrm{Min}_{\mathrm{p}}\left\{\mathbf{r}(\mathbf{p})^{\mathrm{t}}\mathbf{r}(\mathbf{p})\right\} \rightarrow \mathbf{p} \\ \text{mit} \qquad \mathbf{r}(\mathbf{p}) = \mathbf{f}(\mathbf{x},\mathbf{p}) - \mathbf{y_M} \qquad \text{und} \qquad \mathbf{y_M} = (\mathrm{y}_1, \mathrm{y}_2, \ldots, \mathrm{y}_\mathrm{m})^{\mathrm{t}}\end{gathered} \tag{2.8}$$

Jedes $\mathbf{r}(\mathbf{p})$ beschreibt dabei den Residuumsvektor mit beinhalteten Residuen $\mathbf{r}(\mathbf{p})_\mathrm{j}$ des Systems [68]. Die Mindestanzahl der Messungen für die Kalibrierung wird dabei durch die Anzahl der Parameter bestimmt, wobei aber eine überbestimmte Kalibrierung aufgrund von Messfehlern zu bevorzugen ist [68]. Die Erhöhung der Stichprobenanzahl spiegelt sich im Vertrauensintervall wider. Da nicht von normalverteilten Eingangsgrößen ausgegangen werden kann, ergibt sich das Vertrauensintervall nach Gleichung 2.9 anhand der studentischen t-Verteilung mit dem Verteilungsfaktor t_{Student}, dem Mittelwert μ_x und dem Standardfehler s_x [66].

$$\mu_\mathrm{x} - t_{\mathrm{Student}}\frac{s_\mathrm{x}}{\sqrt{n}} \leq \widehat{x} \leq \mu_\mathrm{x} + t_{\mathrm{Student}}\frac{s_\mathrm{x}}{\sqrt{n}} \tag{2.9}$$

Daraus wird ersichtlich, dass die Erhöhung der Stichprobenanzahl n eine Verkleinerung des Vertrauensintervalls um $1/\sqrt{\mathrm{n}}$ bewirkt und nach dem zentralen Grenzwertsatz eine Normalverteilung bei einer hohen Stichprobenanzahl gilt [52, 66].

Durch die Minimierung der Residuumsfunktion können die Parameter so gewählt werden, dass die aufgezeichneten Daten bestmöglich modelliert werden [68]. Dabei ist zu beachten, dass die Systemmodelle durch ein globales und mehrere lokale Minima gekennzeichnet sein können, wodurch das Erreichen des globalen Minimums erschwert wird. Die Ermittlung des Minimums kann mittels analytischer und numerischer Verfahren erfolgen. Bei den in der Natur vorherrschenden nicht-linearen Systemen kommen meist nur numerische Verfahren zum Einsatz.

Eines der numerischen Verfahren ist das Gauß-Newton-Verfahren, welches eine Modifikation des allgemeinen Newton-Verfahrens darstellt. Beim klassischen Newton-Verfahren erfolgt die Minimierung mehrdimensionaler Funktionen über eine Taylor-Reihe erster Ordnung. Wenn die Messdaten und das Modell durch kleine Residuen gekennzeichnet sind, geht der zweite Term der Reihe gegen null und die Bestimmung der Hesse-Matrix kann vernachlässigt werden. Neben der Vereinfachung durch den Wegfall der zeitintensiven Berechnung der Hesse-Matrix, wird die Stabilität gegenüber Ausreißern erhöht. [77, 68]

Diesen Umstand macht sich das Gauß-Newton-Verfahren zunutze, um nicht lineare Probleme durch iterative lineare Probleme zu lösen [78]. Die verwendete Iterationsvorschrift ist in Gleichung 2.10 beschrieben. Die Pseudoinverse $(\mathbf{J}^{\mathrm{t}}\mathbf{J})^{-1}\mathbf{J}^{\mathrm{t}}$ wird dabei durch die Cholesky-, QR- oder SVD-Zerlegung gelöst [77].

$$\mathbf{p}^{k+1} = \mathbf{p}^{k} - \left(\mathbf{J}_{p}(\mathbf{p}^{k})^{t}\mathbf{J}_{p}(\mathbf{p}^{k})\right)^{-1}\mathbf{J}_{p}(\mathbf{p}^{k})^{t}\mathbf{r}(\mathbf{p}^{k}) \tag{2.10}$$

2.2.3 Grundlagen der Industrieroboter

In der Additiven Fertigung sind Industrieroboter die Handhabungseinheit für die Führung der oben beschriebenen Prozessköpfe und deren Peripherie. Sie können als parallele oder serielle Kinematik ausgeführt sein [79, 80]. Aber auch in anderen Bereichen stellen sie das Zentrum der Automatisierung dar. Industrieroboter dienen daher allgemein dazu einen Endeffektor im Raum zu positionieren. Speziell serielle Kinematiken mit sechs Rotationsachsen haben sich etabliert [81]. Die daraus entstehenden Freiheitsgrade nach VDI Richtlinie 2861 ermöglichen es, die Pose (Position und Orientierung) eines Endeffektors, wie zum Beispiel eines Schweißbrenners, zu definieren [82].

Die Eigenschaft zur kartesischen Führung eines Systems im Raum ist im Bereich der berührungslosen Oberflächenvermessung ein wichtiger Vorteil. Durch die Roboterkinematik erhalten geführte Sensorsysteme, wie die oben beschriebenen Lasertriangulationssysteme, eine feste Referenz im Raum. Zudem verfügen Industrieroboter durch ihren Aufbau und ihre Freiheitsgrade über einen großen Arbeitsbereich.

Durch die Beschreibung der Pose eines Roboters durch eine homogene Transformation $\mathbf{T}_{A}^{F}$, ist eine Transformation von vierdimensionalen Sensorwerten $\mathbf{v}_{S}$ in ein ortsfestes Koordinatensystem wie in Gleichung 2.11 dargestellt, möglich.

$$\mathbf{v}_{A} = \mathbf{T}_{A}^{F}\mathbf{v}_{S} \tag{2.11}$$

Die Bestimmung der Pose erfolgt auf Basis von mathematischen Modellen der Roboterkinematik. Dabei kann jede Bewegungsachse des Robotersystems durch lokale, kartesische Koordinatensysteme mit Nullpunktdefinition modelliert werden. Die Transformation zwischen den Koordinatensystemen wird meist durch die sechs dimensionalen Roll-Pitch-Yaw-Konvention beschrieben. Durch das Produkt der Transformationen entlang der kinematischen Kette der Gelenke G wird die resultierende Koordinatentransformation nach Gleichung 2.12 berechnet.

$$\mathbf{T} = \prod_{j \in \{0,1,\ldots,G-1\}} \mathbf{T}_{j} \tag{2.12}$$

Die Beschreibung der Roboterkinematik mithilfe von Roll-Pitch-Yaw-Transformationen ist aber durch lineare Abhängigkeiten zwischen der Parametern der Transformationen gekennzeichnet [52]. Ein weitverbreitetes Modell setzt auf den Regeln von Jacques Denavit und Richard S. Hartenberg [83] auf, das durch seine Einschränkung auf vier Freiheitsgrade eine geringere Minimalität aufweist. Dies resultiert in weniger zu identifizieren Modellparametern. Nachteilig ist aber ein Rangverlust bei parallelen Bewegungsachsen, der aber durch eine Erweiterung mit dem Hayati-Mirmirani-Modell verhindert werden kann [52]. Die Denavit-Hartenberg-Konvention beschreibt zwei Rotationen und zwei Translationen zwischen den beiden Koordinatensystemen der Gelenke. Dabei wird definiert, dass die Z-Achsen der Koordinatensysteme in den Achsen liegen und die X-Achse von Gelenk $i+1$ dieselbe Richtung ausweist wie die Normalen zwischen den Gelenken i und $i+1$. Daraus ergeben sich die Rotation θ^{DH} um die Z-Achse, die Translation d^{DH} entlang der Z-Achse, die Translation a^{DH} entlang der X-Achse und die Rotation α^{DH} um die X-Achse [83].
Durch die Multiplikation der Teiltransformationen der vier Parameter in Gleichung 2.13 ergibt sich die Transformationsmatrix zwischen den Gelenken i und $i+1$ [84]. Tabelle 2.3 zeigt beispielhaft die Parameter des in dieser Arbeit verwendeten Industrieroboters.

$$\begin{aligned}\mathbf{T}_{\mathrm{j}} &= \mathbf{T}(\theta_{\mathrm{j}}^{\mathrm{DH}})\mathbf{T}(\mathrm{d}_{\mathrm{j}}^{\mathrm{DH}})\mathbf{T}(\mathrm{a}_{\mathrm{j}}^{\mathrm{DH}})\mathbf{T}(\alpha_{\mathrm{j}}^{\mathrm{DH}})\\ &= \begin{bmatrix}\cos\theta_j^{\mathrm{DH}} & -\sin\theta_j^{\mathrm{DH}}\cos\alpha_j^{\mathrm{DH}} & \sin\theta_j^{\mathrm{DH}}\sin\alpha_j^{\mathrm{DH}} & a_j^{\mathrm{DH}}\cos\theta_j^{\mathrm{DH}}\\ \sin\theta_j^{\mathrm{DH}} & \cos\theta_j^{\mathrm{DH}}\cos\alpha_j^{\mathrm{DH}} & -\cos\theta_j^{\mathrm{DH}}\sin\alpha^{\mathrm{DH}} & a_j^{\mathrm{DH}}\cos\theta_j^{\mathrm{DH}}\\ 0 & \sin\alpha_j^{\mathrm{DH}} & \cos\alpha_j^{\mathrm{DH}} & d_j^{\mathrm{DH}}\\ 0 & 0 & 0 & 1\end{bmatrix}\end{aligned} \tag{2.13}$$

Das Modell kann durch die Berücksichtigung von Steigungsfehlern der integrierten Wegsensoren und Sensor-Offsetwerten erweitert werden [52, 85, 86]. Gleichung 2.14 beschreibt den Sensorwert x_{S_i} mit der Steigung m_i und dem Offset c_{S_i}. Des Weiteren finden in dynamisch belasteten Anwendungsfällen die Berücksichtigung von elastischen Modellparametern Anwendung [87, 88].

$$\mathrm{s_i} = \mathrm{c_{S_i}} + \mathrm{m_{s_i}} \mathrm{s_{i0}} \tag{2.14}$$

Durch die Kombination dieser Modelle mit denen des oben beschriebenen Lasertriangulationssystems ist eine hochgenaue Vermessung bei konstanten Umgebungsbedingungen durch das Messsystem möglich. Dass dies beim Auftragschweißen nicht der Fall ist und welche Forschungsansätze sich daraus abteilen, wird im nächsten Kapitel beschrieben.

Tabelle 2.3: Nominelle Denavit-Hartenberg Parameter eines KUKA KR60HA Industrieroboters

	a^{DH}	d^{DH}	α^{DH}	θ^{DH}	m_s
Achse 1	350 mm	0 mm	90 Grad	0 Grad	1
Achse 2	850 mm	0 mm	0 Grad	-90 Grad	1
Achse 3	145 mm	0 mm	90 Grad	0	1
Achse 4	0 mm	820 mm	-90 Grad	0 Grad	1
Achse 5	0 mm	0 mm	90 Grad	0 Grad	1
Achse 6	0 mm	170 mm	0 Grad	0 Grad	1

Kapitel 3
Forschungsbedarf und methodische Herangehensweise

Aufbauend auf dem Stand der Wissenschaft und Technik wird im Folgenden der Forschungsbedarf für die geometrische Qualitätssicherung im Auftragschweißprozess und die methodische Herangehensweise erarbeitet. Anschließend wird die für die Durchführung der Arbeit notwendige Anlagen- und Messtechnik definiert.

3.1 Ausgangssituation

Hindernisse des industriellen Einsatzes der im vorherigen Kapitel beschriebenen Auftragschweißprozesse stellen weiterhin die umfangreichen Prozesseinflussfaktoren dar. Aufgrund dieser und der damit einhergehenden Variationen der Prozesszustände ist eine First-Time-Right-Strategie, bei der ein Bauteil bei 0 % Ausschuss gefertigt wird, nur bei sehr einfachen, bekannten Geometrien oder gar nicht möglich. Voruntersuchungen und [89] zeigen, dass die Verwendung von Sensoren in den Auftragschweißprozessen einen signifikanten Wettbewerbsvorteil durch die Regelung des Prozesses und die Möglichkeit zur geometrischen Qualitätssicherung hervorrufen.
Dennoch sind diese Sensoren trotz des Bedarfs nicht flächendeckend eingesetzt. Wirtschaftliche Hindernisse durch kostenintensive Integration und komplexe Bedienung sowie prozessunterbrechenden Messzyklen behindern den produktiven Einsatz dieser Systeme. Für eine geometrische Erfassung der erzeugten Strukturen werden meist Lasertriangulationssensoren integriert. Komplementär zum Einsatz der Systeme in der computergestützten Fräsbearbeitung (Computerized Numerical Control, CNC) ermöglichen diese Systeme die dreidimensionale Wahrnehmung und Vermessung der Umgebung. Die dabei projizierte Laserlinie wird über das zu vermessene Bauteil geführt und mithilfe der im vorherigen Kapitel beschriebenen Triangulationsbeziehung detektiert und zu 3D-Informationen verarbeitet.
Ursprünglich für die automatisierte Bauteilvermessung auf Fließbändern entwickelt, sind die kommerziell erhältlichen Systeme aber meist ungeeignet für den In-Prozessbetrieb innerhalb der rauen Umgebung des Auftragschweißprozesses und

M. Buhr, *Geometrische Qualitätssensorik für die roboterbasierte, additive Produktion*, Light Engineering für die Praxis,
https://doi.org/10.1007/978-3-662-69317-9_3

weisen eine Richtungsabhängigkeit der Messung orthogonal zur projizierten Laserlinie auf [90]. Ist kein In-Prozessbetrieb möglich, sind ergänzende Scan-Fahrten notwendig, die zu inhomogenen Lagentemperaturen und unwirtschaftlichen Totzeiten führen. Wird dieser Umstand durch die Verwendung von Lasertriangulationssensoren aus dem klassischen Verbindungsschweißen überwunden, führt die richtungsabhängige Messung der Sensoren zu einer Einschränkung der Flexibilität des Auftragschweißsystems, da weiterhin prozessunterbrechende Umorientierungen notwendig sind.

3.2 Zielsetzung

Ziel dieser Arbeit ist die Realisierung einer wirtschaftlichen und prozessoptimierten In-Prozessqualitätssicherung für den Auftragschweißprozess mithilfe einer optimierter Lasertriangulationssensorik. Aus den oben dargestellten Defiziten leiten sich folgende Forschungsfragen ab:

- Ist die Lasertriangulation trotz der beschriebenen Einschränkungen eine geeignete Sensortechnologie für die geometrische Qualitätssicherung im Auftragschweißprozess?
- Welche Einflussfaktoren wirken auf das Sensorsystem und wie beeinflussen sie die In-Prozessmessung?
- Wie muss ein richtungsunabhängiges Lasertriangulationssystem für Auftragschweißprozesse konfiguriert werden und welche Anforderungen werden an ein solches System gestellt?
- Welche Kalibrierungsmethodik ist notwendig, um das Triangulationssystem für den Auftragschweißprozess zu kalibrieren?

Als qualitative Teilanforderungen an das zu entwickelnde System wird eine maximale Bewegungsflexibilität des Auftragschweißsystems gefordert, sodass innerhalb der In-Prozess-Demonstratorvalidierung keine Umorientierungen notwendig sind. Des Weiteren ist eine stabile und zuverlässige Messung innerhalb der rauen Prozessumgebung notwendig, sodass mehrstündige Baujobs ohne notwendige Abkühlphasen möglich sind. Weitere das Sensorsystem betreffende quantitativen Zielgrößen ergeben sich aus den in einem späteren Kapitel entwickelten prozessspezifischen und messtechnischen Anforderungen.
Da eine geometrische Qualitätssicherung für jede Auftragschweißtechnologie notwendig ist, erfolgen die Untersuchungen und Entwicklungen anhand des Laser-Pulver- und des Lichtbogenauftragschweißprozesses. Dies soll die Anforderung einer Übertragbarkeit der Ergebnisse anstreben.

3.3 Lösungsweg

Aus den im vorherigen Abschnitt definierten Forschungsfragen und Entwicklungszielen wird im Folgenden das methodische Vorgehen abgeleitet.

3.3.1 Vorgehensweise

Zur Bestätigung der Forschungshypothesen wird die Arbeit in fünf Handlungsfelder unterteilt. Die Handlungsfelder sind in Abbildung 3.1 zusammengefasst.
Das methodische Vorgehen wird anhand dieser Handlungsfelder im Folgenden näher erläutert.

Einflussanalyse auf Lasertriangulationssensoren im Auftragschweißprozess

Basierend auf dem Stand der Technik werden zunächst die Einflussfaktoren auf Lasertriangulationssensoren im Auftragschweißprozess erforscht. Dazu wird zunächst der Prozess selbst und die Ziele der geometrischen Qualitätssicherung untersucht. Basierend darauf werden die Umweltparameter des Prozesses identifiziert, empirisch untersucht und zu erwartende Wirkungen auf das Sensorsystem abgeleitet.

Ableitung der Anforderungen an das richtungsunabhängige Messsystem

Ausgehend von den Auftragschweißtechnologien werden die applikationsseitigen Anforderungen an das Messsystem hergeleitet. Diese umfassen die zu berücksichtigenden Qualitätskriterien und die Analyse der notwendigen Messgenauigkeit von geometrischen Sensoren im Auftragschweißprozess. Daraus erfolgt die Ableitung von Anforderungen an die Funktionalität des Sensorsystems.

Entwicklung des richtungsunabhängigen Messsystems

Auf Basis der vorangestellten Handlungsfelder erfolgt die Konzeption eines richtungsunabhängigen Messsystems und der damit verbunden metrologischen Umsetzung. Ausgehend von der mechanischen und optischen Anordnung erfolgt die Herleitung des mathematischen Sensormodells und die damit verbundene Entwicklung der konfigurationsspezifischen Kalibrierung des Sensors. Zur Integration in das Prozesssystem erfolgt die Herleitung eines Kalibrierungsmodells für die Einmessung eines Multi-Sensorsystemens.

Abb. 3.1: Vorgehensweise der Arbeit

Hochgenaue Prozessführung

Die Messdatenqualität hängt maßgeblich von der Genauigkeit der roboterbasierten Poseinformation für die Messdatentransformation ab. Daher werden Konzepte zur Erhöhung der Messdatenqualität entwickelt, um die Messgenauigkeit im Auftragschweißprozess zu erhöhen.

Bewertung des industriellen Einsatzes

Abschließend erfolgt die technische und wirtschaftliche Bewertung der Forschungshypothese und Entwicklungsziele anhand der entwickelten Anforderungen und einer demonstrativen Bauteilherstellung mithilfe des Lichtbogenauftragschweißprozesses.

3.3.2 Anlagentechnik und Material

Für die beschriebenen Analysen und Entwicklungen wird in dieser Arbeit auf offene Anlagentechnik gesetzt, um die notwendigen Daten sammeln und das Sensorsystem integrieren zu können. Die verwendete Anlagentechnik ist im Folgenden zusammengefasst:

- **Kinematikeinheit**
  - Industrieroboter: KUKA KR 60 HA
  - Dreh-Kipp-Positionierer: KUKA KP400-V2
- **Laser-Pulverauftragschweißen**
  - Bearbeitungsoptik: Trumpf BEO D70
  - Laserstrahlquelle: Trumpf TruDisk6001
- **Lichtbogenauftragschweißen**
  - Stromquelle: Fronius TPS 400i Pulse
- **Messtechnik**
  - Lasertracker: Hexagon Metrology AT401

Die in dieser Arbeit verwendeten Anlagen basieren auf Industrierobotern der Firma Kuka vom Typ KR 60 HA und entsprechender 2-Achs-Positionierer KP400-V2. Integriert sind die Kinematikeinheiten in Roboterschweißzellen. Eine dieser Zellen ist die Laserschweißzelle TruLaserRobot 5020 der Firma Trumpf, welche den Roboter mit dem für das Laserauftragschweißen spezifizierten Bearbeitungskopf BEO D70 ergänzt. Der Bearbeitungskopf ist mit einer Dreistrahldüse ausgestattet, durch die

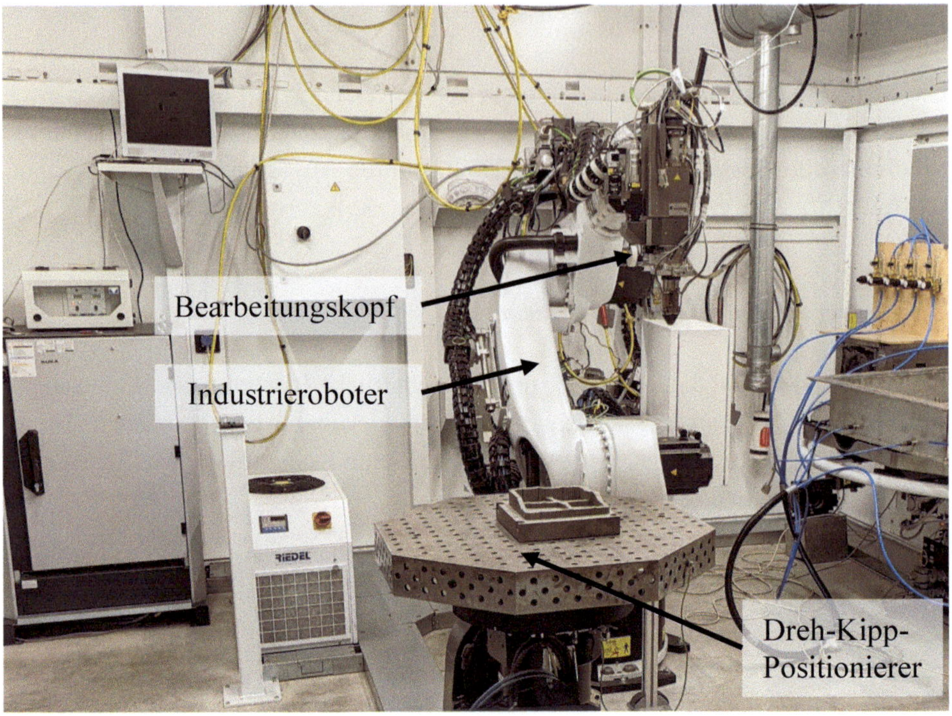

Abb. 3.2: Anlagentechnik für das Laser-Pulverauftragschweißen

das Pulverzusatzmaterial in Form eines Pulver-Gas-Stroms zugeführt wird. Als Laserstrahlquelle kommt der Trumpf Yb:YAG-Scheibenlaser TruDisk6001 mit einer maximalen Ausgangsleistung von 6 kW bei einer Wellenlänge von 1030 Nanometer zum Einsatz. Der verknüpfende Lichtwellenleiter weist einen Faserkerndurchmesser von 300 µm auf. In Abbildung 3.2 ist die Anlagentechnik für den Laserauftragschweißprozess dargestellt.

Für die Untersuchungen zum Lichtbogenauftragschweißen ist eine zweite Bewegungskinematik mit einer Fronius Stromquelle TPS 400i Pulse kombiniert. Beide Anlagensysteme stellen die notwendigen offene Softwareschnittstellen zur Verfügung. Diese Schnittstellen ermöglichen sowohl eine zyklische Manipulation der Robotersysteme als auch eine Echtzeit-getriebene Pose- und Maschinendatenübertragung inklusive Regelung der Pose. Die Anlagentechnik für das Lichtbogenauftragschweißen ist in Abbildung 3.3 dargestellt. Ergänzt wird die Anlagentechnik durch einen Lasertracker AT401 der Firma Hexagon Metrology, welcher zur hochgenauen statischen Referenzmessung verwendet wird.

Die empirischen Versuche beim Laser-Pulverauftragschweißen werden mit sphärischem Pulverwerkstoff der hochfesten Titan-Legierung Ti-6Al-4V durchgeführt. Die Legierung spiegelt sowohl den industriellen Bedarf und Nutzen durch konventionellen, kostenintensiven Zerspanungsaufwand wider, als auch die komplexe Verarbei-

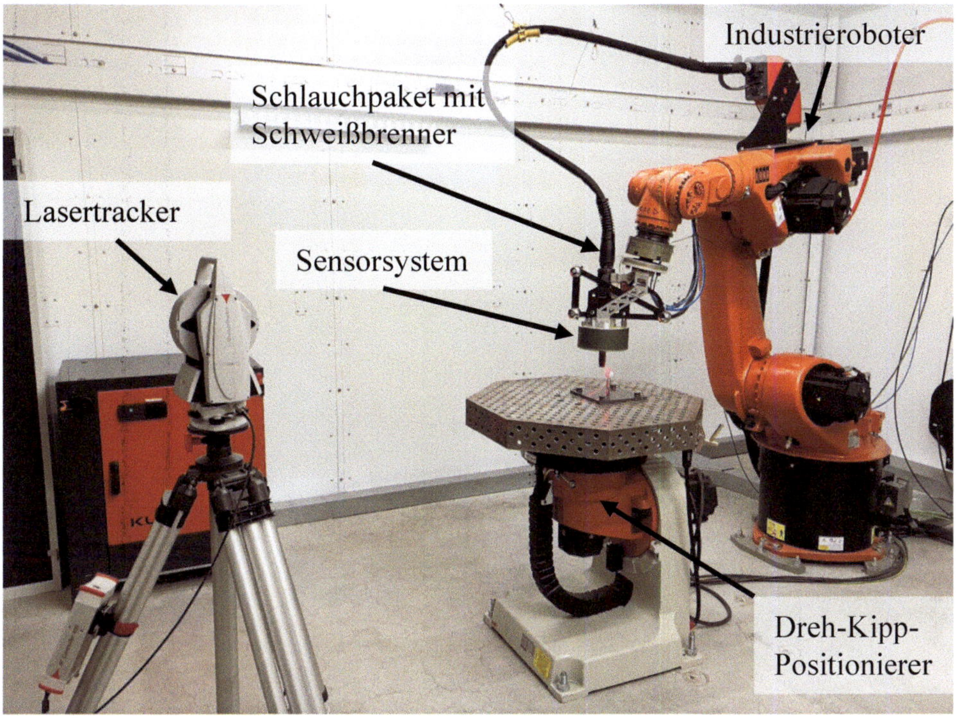

Abb. 3.3: Anlagentechnik für das Lichtbogenauftragschweißen

tung in Verbindung mit einem Schutzgaskonzept. Der Schutz vor der Atmosphäre erfolgt mithilfe einer lokalen Schutzgaskammer, die zu Beginn des Schweißprozesses mit Argongas geflutet wird. Die Versuche beim Lichtbogenauftragschweißen erfolgen mit dem Schweißzusatzdraht G4Si1. Bei diesem handelt es sich um einen Zusatzdraht zum Schweißen von un- und niedriglegierten Stählen. Er bildet den Standardwerkstoff in einfachen industriellen Anwendungen ab. Die Schutzgasabdeckung erfolgt hierbei über die Schutzgasdüse des Schweißbrenners.

Kapitel 4
Lasertriangulation für die geometrische Qualitätssicherung

Additive Auftragsprozesse sind durch unterschiedliche Einflussfaktoren gekennzeichnet, die sowohl zu systematischen als auch zufälligen Abweichungen bei der Bauteilgenerierung führen. Daher schreibt die ASTM Norm 52920 eine Prüfung auf Maßhaltigkeit vor Auslieferung für die Freigabe von additiv hergestellten Bauteilen vor [6].

Die einzelnen Einflussfaktoren und deren Auswirkungen auf die Gestalt und metallurgischen Eigenschaften wurden bereits in unterschiedlichen Arbeiten, unter anderem [4, 91, 92], untersucht. Dabei handelt es sich sowohl um die direkten Einflussfaktoren wie Laserleistung, Vorschubgeschwindigkeit und Materialzuführung, als auch die indirekten Einflussfaktoren wie Pulverqualität, Umgebungsbedingungen und Pfadplanung. Diese Faktoren haben sowohl einen Einfluss auf die Ausbildung des Schmelzbades, als auch auf dessen Erstarrung und damit auf die resultierenden metallurgischen Eigenschaften der erzeugten Struktur.

Dabei zeigt sich insbesondere das Thermomanagement als maßgeblich für die Ausbildung des Bauteils und die resultierenden mechanischen Eigenschaften [93]. Aufgrund der kostenintensiven Vorhersagbarkeit des Prozesses bildet eine geometrische In-Prozessqualitätssicherung einen essenziellen Faktor zur Sicherstellung von Produktqualitäten und zur Stabilisierung der Prozesse [19]. Diese kontinuierliche Qualitätssicherung ermöglicht sowohl die schichtweise Untersuchung der aufgebauten Struktur, um frühzeitig Ausschuss zu detektieren und so eine hohe Produktivität der Produktion zu gewährleisten, als auch die Regelung der Prozessparameter, um eine Stabilisierung des Aufbauprozesses zu realisieren.

Die Einführung einer geometrischen In-Prozessqualitätssicherung geht mit einer prozessspezifischen Auslegung der zu entwickelnden Sensorik einher. Daher werden im Folgenden die Anforderungen an die geometrische Qualitätssicherung und die Umsetzung mittels Laser-Lichtschnittsensoren analysiert und definiert.

M. Buhr, *Geometrische Qualitätssensorik für die roboterbasierte, additive Produktion*, Light Engineering für die Praxis,
https://doi.org/10.1007/978-3-662-69317-9_4

4.1 Anforderungen an eine geometrische In-Prozessqualitätssicherung

Die In-Prozessqualitätssicherung ist die direkte und ganzheitliche Überwachung der Produktqualität während des Prozesses. Sie verfolgt das Ziel Vertrauen zu erzeugen, dass Qualitätsanforderungen erfüllt werden [94]. Die geometrische Qualitätssicherung legt dabei den Fokus auf die geometrischen Produktionsfehler. Dazu zählen unter anderem Form- und Lage-Abweichungen, die in [95] spezifiziert werden. Zur näheren Spezifikation einer notwendigen Geometriesensorik für den Auftragschweißprozess werden im Folgenden zunächst die geometrische Qualitätssicherung im Allgemeinen und anschließend die geometrischen Fehler analysiert, um daraus die einzelnen Anforderungen an ein prozessspezifisches Sensorsystem abzuleiten.

4.1.1 Funktion der geometrischen Qualitätssicherung

Wie im vorherigen Abschnitt beschrieben, dient die geometrische Qualitätssicherung im Auftragschweißprozess zur Sicherstellung einer hohen Produktqualität. Gleichzeitig wird aber auch eine hohe Produktivität der Produktionssysteme gefordert. Die Prozesskette des Auftragschweißens sieht für die geometrische Qualitätssicherung meist einen nachgelagerten Prozessschritt vor, der mittels Koordinatenmessmaschine oder anderen Einrichtungen zur 3D-Bauteilvermessung durchgeführt wird. Ergebnis dieser Untersuchung ist die Einhaltung der oben genannten Form- und Lage-Toleranzen. Während dieser geometrischen Qualitätssicherung werden meist digitale Punktewolken erzeugt, die die geometrischen Oberflächen der Bauteile in einem Vektorraum abbilden und zur Bewertung der Maßhaltigkeit herangezogen werden können. Dieser zusätzliche Prozessschritt und die Anschaffung dieser Untersuchungssysteme erhöhen aber die Durchlaufzeit und Kosten der Produkte. Um die Kosten und Dauer zusätzlicher Vermessungsschritte zu minimieren, ist eine Vermessung während des Prozesses angestrebt. Diese In-Prozessvermessung ermöglicht neben der Erfassung der Oberfläche des generierten Bauteils auch die Sammlung von Geometrieinformationen der einzelnen aufgetragenen Schichten. Die daraus entstehenden volumetrischen Punktewolken können anschließend zur Anomaliedetektion im Rahmen der Qualitätssicherung genutzt werden. Anomalien zeigen dabei Abweichungen von einem Normalwert, deren Anwesenheit aber nicht direkt auf Fehlstellen im Bauteil schließen lassen. Durch anschließende Untersuchungen können die Anomalien dann als Fehler qualifiziert werden.

4.1.2 Geometrische Fehler im Auftragschweißprozess

Die im Auftragschweißprozess auftretenden geometrischen Fehler werden im Folgenden analysiert. Instabilitäten der im Kapitel 2 beschriebenen Einflussfaktoren führen zu direkten geometrischen Abweichungen in den Einzelspuren und der gesamten Bauteilgestalt. Ergänzend zu den resultierenden inhomogenen Schichtausprägungen führt auch die eingebrachte Energie zu thermisch induzierten Spannungen, die zu verzugsbedingten, geometrischen Abweichungen führen [4]. Die Spurbreite und die Spurhöhe bilden sich je nach Material, Prozessparametern und verwendeter Prozesstechnologie unterschiedlich aus. Voruntersuchungen zeigen bei der Verwendung einer 3-Strahldüse im Laser-Pulverauftragschweißprozess unter der Verwendung der Legierung Ti-6Al-4V Schichtdicken zwischen 0,5 und 1 Millimetern in Abhängigkeit unterschiedlicher Prozessparameter.

In Anlehnung an [96] können die qualitätsreduzierenden Bauteilfehler in die drei Gruppen der geometrischen-morphologischen, intraschichtbezogenden und mikrostrukturellen Fehler unterteilt werden. Da eine mikrostrukturelle und intraschichtbezogende In-Prozessqualitätssicherung mittels Lasertriangulation nicht möglich ist, wird im Folgenden auf die erste Gruppe der geometrischen und oberflächenmorphologischen Fehler und deren auftretenden Anomalien näher eingegangen.

Zu den geometrischen Fehlern gehören in Anlehnung an [96, 97] unter anderem folgende Typen:

- **Ungleichmäßige Schichthöhe:** Aufgrund variierender Prozessparameter oder unterschiedlicher thermischer Zustände im Bauteil bilden sich unterschiedlich hohe Schichten aus. Durch die geringen Schichtdicken ist die Variation einer einzelnen Schicht nicht kritisch. Durch die Addition mehrerer Schichtfehler wird die Dimension des Bauteils in Aufbaurichtung kleiner oder größer [96, 19].
- **Oberflächenmorphologie:** Wärmestau in Bereichen des Bauteils oder inhomogene Abkühlraten sowie geringe Absolutgenauigkeit der prozessführenden Kinematik führen zu einer Unebenheit der Oberfläche.
- **Ecken- und Kantendefekte:** Fehler in Bereichen von Ecken und Kanten entstehen aufgrund von Materialüberhöhungen durch Start- und Stopppositionen des Prozesses und durch sich abrupt ändernde Bewegungsgeschwindigkeiten oder Umorientierungen. Wenn die Pfadplanung beim Auftreten dieser Defekte nicht angepasst wird, pflanzen sich diese Defekte in den darauffolgenden Schichten fort.
- **Überlapp:** Zur Realisierung ebener Oberflächen, ist ein Überlapp bei aneinander angrenzenden Schichten notwendig [98]. Bei unzureichender Bahnplanung in Bereichen parallel laufender Schichten und an Kreuzungspunkten können sich Überhöhungen aufgrund von doppelten Materialauftrags oder Spalte zwischen den Schichten ausprägen.

- **Schrumpfung und Verzug:** Im Zuge der Energieeinbringung und Abkühlung entstehen thermisch induzierte mechanische Spannungen, die zu einem Verzug oder einer Schrumpfung des Bauteils führen können, wodurch das Bauteil seine Soll-Gestalt verliert.
- **Delamination:** Die Delamination beschreibt das Ablösen von Schichten vom Substrat oder von anderen Schichten. Es handelt sich dabei um einen kritischen Fehler, der zur Zerstörung des Bauteils und gegebenenfalls zur Beschädigung der Maschine führt. Er tritt beim unvollständigen Aufschmelzen durch geringe Energieintensitäten und inhomogene thermische Zustände im Bauteil auf.
- **Oberflächenporen:** Oberflächenporen befinden sich im Randbereich der Schweißnahtoberfläche und sind ein oder mehrmalig nach außen geöffnet [99]. Abhängig von ihrer Größe kann durch den mehrlagigen Aufbau ein vollständiges Aufschmelzen der Pore erfolgen.
- **Schweißspritzer:** Schweißspritzer sind aus dem Schweißgut oder dem Zusatzwerkstoff ausgeworfenes Material, das an der Oberfläche der Grundplattform oder des generierten Objekts haftet (in Anlehnung an [99]). Je nach Position, Größe und Menge der Spritzer stellen sie einen Qualitätsmangel dar und können gegebenenfalls nicht mittels abrasiver Nacharbeit entfernt werden.

Die ersten vier Fehlertypen sind für die geometrische In-Prozessqualitätssicherung im Auftragschweißprozess am relevantesten, da sie direkte Informationen über die einzelnen Schichten beinhalten.
Die Schrumpfung und der Verzug sind ebenfalls ein wichtiges Kriterium für die Qualität des Bauteils. Da dem Prozess aber meist eine Wärmebehandlung nachgeschaltet ist, kann während des Prozesses nicht auf direkte Qualitätsinformationen, sondern meist nur auf Geometrieanomalien zurückgeschlossen werden. Des Weiteren sind die Grundplatten üblicherweise bis in den Wärmebehandlungsprozess mit dem Werkstückträger verspannt, um einen thermischen Verzug entgegenzuwirken [100]. Der Fehler der Delamination folgt meist einer unzureichenden Prozessparameterentwicklung. Dieser Anbindungsfehler tritt daher häufig im Rahmen einer Einzelteilfertigung auf.
Die Größe der Abweichungen oder Fehlstellen bilden die Grundlage für die Auslegung des Sensorsystems. Die notwendige Messunsicherheit für die Vermessung im Auftragschweißprozess und weitere prozesstechnische Anforderungen werden daher im Folgenden näher beleuchtet.

4.1.3 Prozesstechnische Anforderungen

Der Auftragschweißprozess ist, wie in Kapitel 2 beschrieben, durch die robotergeführte Einbringung von Zusatzmaterial und Wärmeenergie gekennzeichnet. Ab-

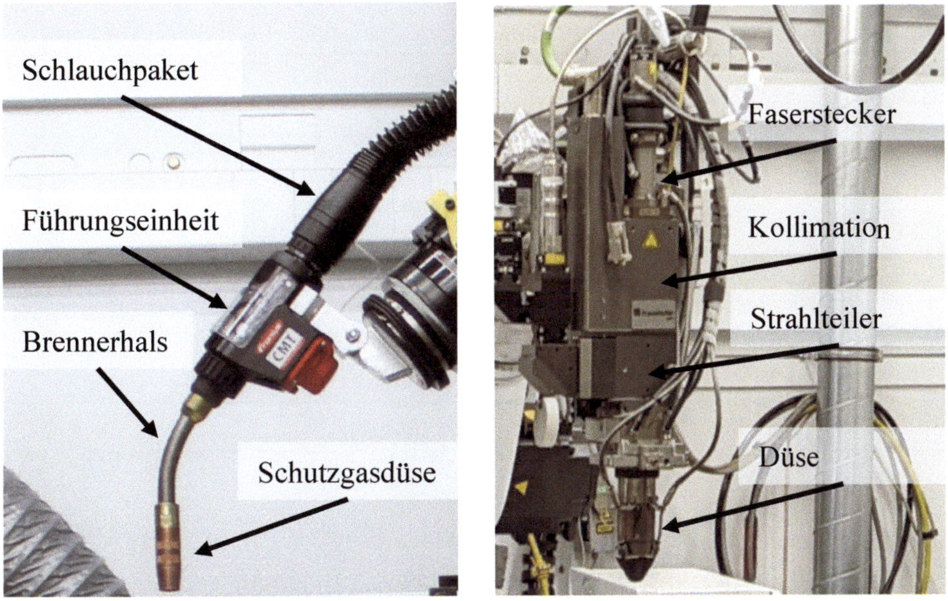

(a) WAAM (b) LMD

Abb. 4.1: Aufbau der Auftragschweißprozessköpfe

hängig von der Prozesstechnologie sind die Prozesse mit Laserbearbeitungsköpfen oder Lichtbogenbrennern ausgestattet. Die Prozessköpfe ermöglichen meist eine richtungsunabhängige Bewegung bei hoher Produktivität und konstanten Prozesszuständen. Sie zeichnen sich durch eine zur Energiequelle koaxiale Zuführung des Zusatzmaterials aus [101]. Diese Eigenschaft darf durch eine ergänzende Sensorik nicht eingeschränkt werden. Die Bearbeitungsköpfe sind in eine Führungseinheit und eine Prozessdüse untergliedert.

In Abbildung 4.1(b) ist ein Prozesskopf für das Laser-Pulverauftragschweißen dargestellt. Dieser dient zur Laserstrahlformung. Der dargestellte Prozesskopf ist mit einer Drei-Strahldüse ausgestattet. Die Montage von Lasertriangulationssystemen im Bereich der Kollimation ist nur bedingt möglich, da dies zu einem großen Vorlauf der Messung führt, was die Flexibilität des Handhabungssystems einschränken oder zu zusätzlichen Scanfahrten führen würde. Somit ist nur eine Integration im Düsenbereich sinnvoll.

Abbildung 4.1(a) zeigt einen Schweißbrenner für das Lichtbogenauftragschweißen. Die Führungseinheit ist hier hauptsächlich für die Führung des Drahtzusatzmaterials zuständig. Die Düse dient zur Schutzgasführung. Beim Lichtbogenauftragschweißen wäre eine Montage des Lasertriangulationssensors im Bereich der Führungseinheit und somit weiter von der Prozesszone entfernt möglich, um das Sensorsystem weniger Prozessemissionen auszusetzen.

Tabelle 4.1: Typische Prozessparameter für das Laser-Pulverauftragschweißen von Ti-6Al-4V

Parameter	Wert
Laserleistung	1500 W
Vorschubgeschwindigkeit	0,01 $\frac{m}{s}$
Schutzgasstrom	20 $\frac{l}{min}$
Fördergasstrom	5 $\frac{l}{min}$
Tellerdrehzahl	7 $\frac{U}{min}$
Düsenabstand	16 mm
Spuroffset	0,9 mm

Diese Prozessemissionen stellen sowohl elektromagnetische Strahlung, als auch Wärme dar. Durchgeführte empirische Untersuchungen mit platzierten Thermoelementen zeigen Temperaturen von bis zu 150°C im Messbereich der Triangulationssensorik bei typischen Prozessparametern für den Laser-Pulverauftragschweißprozess [19]. Typische Prozessparameter sind in Tabelle 4.1 aufgeführt.

Bei den Untersuchungen zeigen sich sowohl konvektive als auch strahlungsbasierte Wärmeübergänge. Die Strahlungswärme spielt dabei eine größere Rolle, da die Temperaturen bei Verwendung eines Edelstahlschutzschildes um etwa 50 Prozent kleiner sind [19]. Ohne dieses gelangt die Wärmestrahlung sowohl auf die äußeren Gehäuseflächen des Sensorsystems als auch durch die Schutzgläser ins Innere des Gehäuses. Dadurch erwärmt sich sowohl das mechanische System als auch der Sensorchip. Bei Ausdehnung eines der beiden kommt es zu einer Veränderung der geometrischen Beziehungen und resultierenden größeren systematischen Fehlern. Des Weiteren können zu hohe Umgebungstemperaturen zu einem Versagen der Kamera führen.

Ein weiterer Faktor für die Stabilität und Langlebigkeit des Sensorsystems beschreibt die mechanische Robustheit gegenüber Kontaminationen durch zusatzmaterialbedingte Pulverpartikel, Schmauch und Schmutz. Für die Verwendung und Sicherheit von elektrischen Geräten sind in der DIN EN 60529 Schutzarten definiert [102]. Sie beschreiben, den Schutz des Geräts gegenüber Fremdkörpern, Berührung und Wasser. Im Fall der Geometriesensorik spielt insbesondere der Schutz gegenüber Fremdkörpern eine Rolle. Dadurch wird die Schutzart IP60 als Anforderung für das zukünftige Sensorsystem gewählt.

Für den Einsatz von Sensorik im Auftragschweißprozess ist zudem die entstehende Störkontur, die durch die Integration des Lasertriangulationssensors entsteht, ein begrenzender Faktor. Die Störkontur ist zusätzliches Volumen, das die Bewegung der Handhabungseinheit aufgrund von auftretenden Kollisionen einschränkt. Ist die

Störkontur der integrierten Sensoreinheit zu groß, entstehen unerreichbare Zonen im Bauraum des additiven Fertigungsprozesses. Im Laserauftragschweißprozess gibt es bereits Ansätze im Strahlengang integrierter Lasertriangulationssensoren, deren Nutzung aber durch die Integration in ein optisches System und die Messung im Schmelzbad eingeschränkt ist [30]. Bei der Integration von zusätzlichen Elementen ist eine Vergrößerung der Störkontur nicht vollkommen auszuschließen, daher wird die Anforderung einer möglichst kleinen Störkontur angesetzt.

4.1.4 Allgemeine messtechnische Sensorsystemanforderungen

Aus den prozessseitigen Anforderungen an eine geometrische Qualitätssicherung leiten sich die allgemeinen messtechnischen Anforderungen (Strukturauflösung, Messbereich, Messunsicherheit, Echtzeitfähigkeit, Datenmenge, Messstabilität) für die zu entwickelnde Lasertriangulationssensorik ab.

4.1.4.1 Strukturauflösung

Die Stukturauflösung beschreibt die kleinste mit einer optischen Sensorik detektierbaren Struktur [45]. Sie ist im Auftragschweißprozess somit der kleinste durch das Messsystem detektierbare, geometrische Fehler.

Die Strukturauflösung berücksichtigt dabei sowohl die Auflösung entlang des Sichtstrahls der Kamera als auch in Scanrichtung des Sensors. Die Auflösung des Sensorsystems in der Laserebene wird durch die Auflösbarkeit von Änderungen in der Distanz zwischen Sensor und Oberfläche und entlang der Laserlinie beschrieben. In Vorschubrichtung wird die Auflösung unter anderem durch die Linienbreite des Lasers und dem messfrequenzabhängigen, geometrischen Abstand zwischen den Messungen beeinflusst.

Die oben beschriebenen Fehler und Abweichungen von der Sollkontur bei einer schichtweisen Betrachtung liegen im Bereich der Einzelschichtdicke. Das Auftragschweißen kann nach DIN 2769-1 in die Toleranzklasse c (grob) eingeteilt werden [103]. Die einzelnen Schichtdicken befinden sich im Nennmaßbereich von 0 bis 3 Millimetern. Daraus ergibt sich bei der Toleranzklasse c eine zulässige Änderung bei der Einzelschicht von $\pm 0,2$ Millimetern [104].

Aus der Anforderung Höhenänderungen von bis zu ± 0,2 Millimetern zu detektieren, ergibt sich eine geforderte Mindestauflösung des Messsystem bestehend aus Sensor und Roboterkinematik von kleiner 0,2 Millimetern. Die Auflösung des Sensorsystems ist maßgeblich von der verbauten Sensormatrix und der gewählten Subpixelauflösung abhängig.

Die Strukturauflösung in der Sensorvermessungsebene wird durch die Auflösung in Vorschubrichtung beschrieben. Unter Verwendung der oben genannten Toleranzklasse kann die Auflösung in diese Richtung ebenfalls < 0,2 Millimetern betragen. Die Strukturauflösung ist dabei abhängig von der Vorschubgeschwindigkeit v_R und der Messfrequenz f_{Mess}. Mit der Auflösungsanforderung a_R von 0,1 Millimetern und einer Vorschubgeschwindigkeit von 0,01 $\frac{m}{s}$ kann unter Berücksichtigung des Nyquist–Shannon Abtasttheorems [105] mit Gleichung 4.1 die notwendige Messfrequenz von > 200 Hz berechnet werden.

$$f_{Mess} > 2\frac{v_R}{a_R} \tag{4.1}$$

4.1.4.2 Messbereich

Der Messbereich beschreibt den Bereich, in dem kalibrierte Messdaten dem Nutzer zur Verfügung gestellt werden. Außerhalb dieses Bereichs ist das mathematische Sensormodell nicht mehr kalibriert oder der diffus reflektierte Laserstrahl trifft nicht auf die CMOS-Kameramatrix. Für die geometrische Vermessung von freigeformten Oberflächen ist meist ein großer Messbereich notwendig, um innerhalb einer Scanfahrt das gesamte Höhenprofil zu digitalisieren. Im Fall der geometrischen In-Prozessqualitätssicherung beim Auftragschweißprozess kann ein kleiner Messbereich genutzt werden. Durch den überwiegend konstanten Abstand zwischen Sensor und Oberfläche sind nur Änderungen im Messsignal von kleiner 3 Millimeter zu erwarten. Zudem führt ein kleiner Messbereich zu einer signifikanten Messdatenreduktion, da nur die aufgetragene Schicht und keine bereits digitalisierten, nebenliegenden Oberflächen erfasst werden. Auf Basis der bereits beschriebenen Fehlstellen wird der notwendige Messbereich für die geometrische In-Prozesssensorik auf ±10 Millimeter festgelegt.

4.1.4.3 Echtzeitfähigkeit

Für die Gewährleistung einer hohen Punktewolkenintegrität und einer Regelung der Prozessparameter auf Basis der im Prozess gemessenen Geometrieinformationen ist eine hohe Synchronität zwischen Sensordaten und Roboterdaten notwendig. Dies lässt sich bei Vorhandensein entsprechender Schnittstellen durch eine Hardwaretriggerung realisieren. Anschließend muss die Echtzeitfähigkeit des Systems nur für die Verfügbarkeit der Messdaten für eine Regelung gewährleistet werden. Die Echtzeitfähigkeit eines Systems beschreibt nach DIN ISO/IEC 2382 die Sicherstellung der Verfügbarkeit von Datenverarbeitungsergebnissen innerhalb einer definierten

Zeitspanne [106]. Ist eine Triggerung nicht möglich und der Messdaten- und Roboterdatenstrom arbeitet asynchron, ist die Sicherstellung der Echtzeitfähigkeit auch im Rahmen der Punktewolkengenerierung notwendig. Wird das Echtzeitkriterium bei der geometrischen Vermessung nicht eingehalten, kommt es zu einem undefinierten Verschleifen von Messwerten, die sich in der Integrität der Punktewolke widerspiegeln. Daher ist eine qualitative Anforderung an das System die Latenzen so gering wie möglich und mit einer geringen Steuerung auszulegen.

4.1.4.4 Datenmenge

Während des Bauprozesses werden durch das geometrische Sensorsystem große Datenmengen in Form von Punktewolken aufgezeichnet. Für die geometrische Qualitätssicherung müssen diese Daten gespeichert und zur Ableitung von Informationen verarbeitet werden. Die dabei auftretende Datenmenge D hat sowohl einen Einfluss auf die Datenübertragung als auch auf die notwendige Datenspeicherung. Müssen kontinuierlich hohe Datenmengen über einen Datenbus transportiert werden, kann es zu Latenzen in der Übertragung kommen, die die Echtzeitfähigkeit des Systems einschränken. Des Weiteren hat die Auflösung der Punktewolke einen direkten Einfluss auf den notwendigen Speicherbedarf. Die Gleichung 4.2 beschreibt die entstehende Datenmenge in Messpunkten.

$$D = u\ f_{\text{Mess}}\ t_{\text{job}} \tag{4.2}$$

Bei einer Messfrequenz f_{Mess} von 200 Hz und einer Auflösung u entlang der Laserlinie von 1280 dreidimensionalen Punkten sowie einer Baujobdauer t_{job} von 18.000 Sekunden ergeben sich $13,8 \cdot 10^9$ Punkte. Bei einer kartesischen Beschreibung der Punkte und einer Repräsentation als Float-Wert ergeben sich 55,3 Gigabyte pro Baujob. Diese zu speichernden Datenmengen sind bei einer zukünftigen Kalkulation des additiv gefertigten Produkts einzukalkulieren. Daraus leitet sich die Anforderung eines kleinen und komprimierten Datenarchivs ab.

4.1.4.5 Messunsicherheit

Die Genauigkeit des generierten Bauteils sowie der Qualitätssicherungsdaten hängt maßgeblich von der Genauigkeit der Bewegungskinematik und der Messunsicherheit des Messsystems ab. Erfolgt eine ungenaue Positionierung der Bewegungskinematik, steigt der nachgelagerte Nachbearbeitungsaufwand. Im Rahmen der geometrischen Qualitätssicherung und der Nutzung der gemessenen Daten für nachgelagerte Prozesse führen ungenaue Messdaten zur Erhöhung der Ausschussquote.

Um diese geometrischen Fehler in Bezug auf die Sollkontur mithilfe von Lasertriangulationssystemen zu detektieren, muss der Messwert innerhalb des Vertrauensintervalls liegen. Das Vertrauensintervall wird durch die Multiplikation der Standardmessunsicherheit mit dem Erweiterungsfaktor k beschrieben [67]. Mit dem Wunsch, dass mit einer Wahrscheinlichkeit von 95 Prozent der gemessenen Werte innerhalb des definierten Vertrauensintervalls liegt, wird der Erweiterungsfaktor $k = 2$ gesetzt. Daraus ergibt sich eine notwendige Standardmessunsicherheit des Messsystems von 0,1 Millimetern. Die erweiterte Messunsicherheit setzt sich aus den kombinierten Einzelmessungen und deren Einflussparametern zusammen. Um eine hohe Messstabilität zu gewährleisten, sind also zeitabhängige, temperaturabhängige oder driftbasierte Einflussfaktoren so gering wie möglich zu halten. Daher werden im folgenden Abschnitt die Einflussfaktoren auf die Stabilität und Messdatenqualität von Lasertriangulationssensoren und der gesamten Messkette im Auftragschweißprozess analysiert.

4.2 Prozesseinflussanalyse auf Lasertriangulationssensoren

Der Einsatz lasertriangulatorischer Systeme für die geometrische Qualitätssicherung im Auftragschweißprozess unterscheidet sich sowohl in der zeitlichen als auch positionsspezifischen Verwendung. Zeitlich unterscheidet sich der Einsatz, zu welchem Zeitpunkt eine Messung durchgeführt wird. Dabei kann zwischen der Zwischenschichtenmessung und der kontinuierlichen Messung unterschieden werden. Bei der Zwischenschichtenmessung wird der Prozess nach einer definierten Anzahl an Schichten unterbrochen und eine Oberflächenscanfahrt durchgeführt. Dabei wird die Exposition des Sensorsystems mit den Prozessemissionen vermieden. Es entstehen aber unproduktive Scan-Zeiten, die die arbeitsvorgangsbezogene Durchlaufzeit erheblich erhöhen. Im Gegensatz dazu werden die Systeme auch für eine kontinuierliche Vermessung während des Prozesses eingesetzt. Dabei werden sie vor- oder nachlaufend, lateral am Prozesskopf integriert. Eine weitere Möglichkeit bietet eine strahlenganintegrierte, koaxiale Triangulation, wie sie in [30] beschrieben ist. Diese In-Prozesssysteme sind den Prozessbedingungen ausgesetzt. Der Prozess muss aber für die Oberflächenvermessung nicht unterbrochen werden.

Neben der zeitlichen Verwendung spielt auch die Position des Sensorsystems am Prozesskopf bei der Interaktion mit den Prozessbedingungen eine wichtige Rolle. Bei einer Zwischenschichtenmessung ist es möglich, das Sensorsystem weit von der Prozesszone entfernt zu positionieren und es sogar noch mit einem mechanischen Schutzgehäuse zu versehen. Bei einer kontinuierlichen Messung ist das nicht möglich, da das Sensorsystem möglichst nah an der Prozesszone messen muss, um die Flexibilität des Prozesses durch einen größeren Vorlauf oder Nachlauf nicht einzuschränken.

4.2.1 Instabilitäten in der Messung

Im Folgenden wird der Einfluss der Prozessbedingungen auf die Lasertriangulationssysteme analysiert. Dabei wird die In-Prozessvermessung untersucht, die die größte Prozess- und Bearbeitungskopfflexibilität und damit den breitesten Einsatzbereich aufweist.

4.2.1.1 Oberflächeneigenschaften

Das lasertriangulatorische Prinzip basiert, wie in Kapitel 2 beschrieben, auf der diffusen Reflexion des Beleuchtungslasers. Daher ist die Messdatenqualität eng mit der Oberfläche des zu vermessenden Objekts verknüpft. Nach dem Reflexionsgesetz gilt, dass ein Lichtstrahl, der auf eine Oberfläche trifft, im gleichen Winkel zur Flächennormalen reflektiert wird [107]. Aufgrund rauer Oberflächen entsteht eine Mischstreuung aus gerichteter und diffuser Reflexion [108]. Die Mischstreuung bildet sich je nach Oberflächeneigenschaft unterschiedlich aus. Bei polierten Oberflächen ist der Anteil gerichteter Reflexion größer, bei sandgestrahlten Oberflächen der Anteil der diffusen Reflexion.
Im Auftragschweißen kann zwischen drei unterschiedlichen charakteristischen Oberflächen unterschieden werden.

- Grundkörper
- Schweißnahtoberfläche
- Schweißnähte quer

Anwendungsabhängig kommen als Grundkörper unterschiedliche Objekte zum Einsatz. Dabei kann zwischen planaren Grundplatten oder vorgefertigten Halbzeuge unterschieden werden. Die zu bearbeitenden Flächen werden dabei abrasiv behandelt, um eine bessere Einkoppelung der Energiequelle zu ermöglichen. In der Praxis kommen dabei Schleifpapiere oder das Sandstrahlen zur Anwendung. Diese diffuse Oberfläche hat in empirischen Versuchen gute Reflexionseigenschaften für die Verwendung mit Lasertriangulationssystemen gezeigt [19]. Im Vergleich dazu führen die ursprünglich gefrästen Oberflächen des Grundkörpers zu Messungen unter gerichteten Reflexionseigenschaften. Auf der Schweißnaht selbst zeigen sich inhomogene Eigenschaften. Einige Bereiche bilden diffuse Reflexionseigenschaften aus, andere insbesondere am Nahtende zeigen metallisch blanke Oberflächen, die eine gerichtete Reflexion begünstigen. Zudem bilden sich durch Schmauch oder

Oxidation auch stärker absorbierende Bereiche aus. Diese inhomogenen Reflexionseigenschaften führen zu inhomogenen Rückprojektionen der Laserlinie hinsichtlich ihrer Intensität und Profilbreite, was sich in der Anwendung durch Messunsicherheiten widerspiegelt. Ähnliche Phänomene treten ebenfalls an Ecken und Kanten des gemessenen Bauteils insbesondere bei einer Vermessung quer zur Nahtrichtung auf. Dabei reduziert oder vergrößert sich das Profil, wodurch sich die Maximumsposition abhängig vom Liniendetektionsalgorithmus verschieben kann [41]. Abhängig von der Komplexität des Bauteils und der gewählten Schweißstrategie kann das resultierende Messergebnis durch eine Abschattung des Laserstrahls durch das zu messende Bauteil beeinflusst werden. In diesen Fällen erfolgt üblicherweise eine ergänzende Scanfahrt mit einer anderen Sensorpose. Ein weiterer Einfluss auf das Messergebnis ist die Mehrfachreflexion. Dabei wird der Laserstrahl durch die Oberflächenstruktur mehrfach zurück auf die Sensormatrix projiziert [109]. Dadurch entstehen mehrere Laserlinien im Bild, die je nach Liniendetektionsalgorithmus zu unterschiedlichen Ergebnissen führen können.

4.2.1.2 Prozessstrahlungsemission

Die Prozessstrahlungsemissionen bei den Auftragschweißverfahren sind durch die verwendeten Laser- und Lichtbogentechnologien charakterisiert. Der Laser selbst emittiert Laserstrahlung in einer charakteristischen Wellenlänge. Beim Lichtbogenschweißen entsteht elektromagnetische Strahlung bei der Plasmabildung durch die Ionisierung des Schutzgases [110]. Des Weiteren wird durch das erhitzte und aufgeschmolzene Material Strahlung emittiert. Die emittierte Strahlung der Prozesse verteilt sich dabei über das elektromagnetische Wellenlängenspektrum von ultraviolett bis infrarot. Die Prozessstrahlung, die während der In-Prozessqualitätssicherung auf das Sensorsystem wirkt, lässt sich in die folgenden drei Spektralbereiche unterteilen: die Energiequelle, die Wärmestrahlung und die optische Strahlung.

Die Strahlung der Energiequelle wirkt sich unterschiedlich auf das Sensorsystem aus. Sie wird von der Oberfläche des zu bearbeitenden Bauteils reflektiert und trifft sowohl auf dem äußeren Gehäuse als auch auf den optischen Komponenten des Sensorsystems auf. Je nach Intensität und Wellenlänge führen sie zu einer Schädigung des Gehäuses, aber auch zur Erwärmung der äußeren Struktur. Diese Erwärmung hat durch thermische Ausdehnung einen Einfluss auf die optische Bank des Sensorsystems haben, was zu systematischen Fehlern in den Messungen führt [111].

Die durch das Schmelzbad emittierte optische und Wärme-Strahlung gelangt durch die mit Schutzgläsern bedeckte Laser- und Kameraöffnungen in das Gehäuse des Sensors. Üblicherweise sind die Sensoren mit einem optischen Bandpassfilter ausgestattet, der die Transmission auf den Sensorchip blockiert, indem er nur ein definiertes Spektrum transmittiert. Dadurch wird sichergestellt, dass vornehmlich die Laserli-

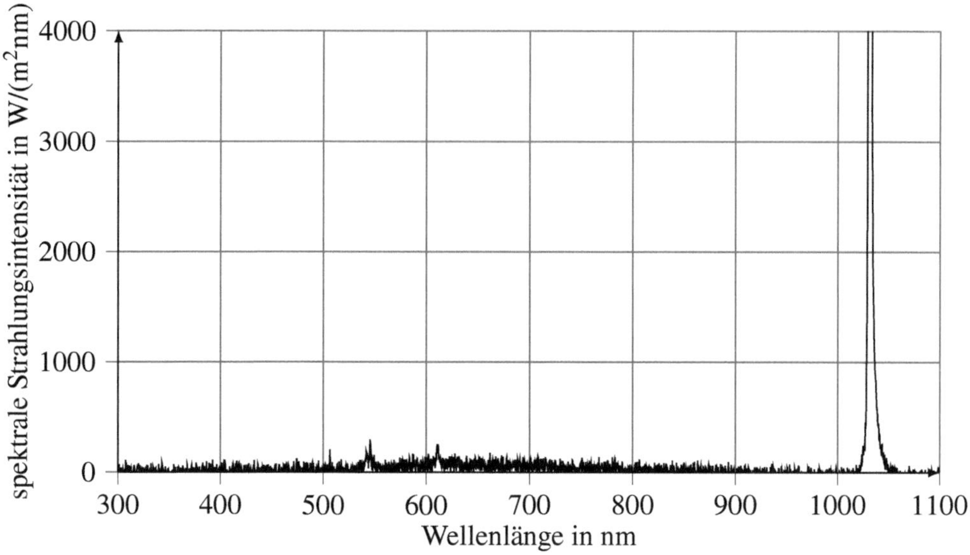

Abb. 4.2: Strahlungsspektrum des Laser-Pulverauftragschweißprozesses von Ti-6Al-4V mit 1450 Watt

nie auf den Sensorchip projiziert wird und eine optimale Detektion gewährleistet ist. Des Weiteren werden ungewünschte Reflexionen im Bild und eine Zerstörung durch hochenergetische Überbelichtung verhindert, sowie die direkte Erwärmung des Chips durch Wärmestrahlung reduziert. Infolge der Filterung und der dabei entstehenden Reflexion und Absorption kann je nach Intensität eine Erwärmung oder Schädigung des Filters auftreten. Die Erwärmung bewirkt eine Änderung der Brechzahl, wodurch sich das physikalische Sensorsystem verändert. Zur Analyse des im Auftragschweißprozess auftretenden Strahlungsspektrums im sichtbaren Bereich (400 bis 750 Nanometer Wellenlänge), in dem auch die Lasertriangulationssensoren arbeiten, werden empirische Schweißversuche durchgeführt. Die Prozesszone wird mit einem optischen Spektrometer aus 1,5 Metern Entfernung beobachtet. In Abbildung 4.2 ist das Strahlungsspektrum eines Laser-Pulverauftragschweißprozesses von Ti-6Al-4V mit 1450 Watt Laserleistung dargestellt. Es wird die spektrale Strahlungsstärke für diskrete Wellenlängen aufgezeigt.

Es ist zu erkennen, dass die reflektierte Strahlung des scheibenlaserbasierten Prozesslasers mit der Wellenlänge von 1030 Nanometern die höchste Intensität aufweist. Im Vergleich dazu ist in Abbildung 4.3 das Strahlungsspektrum eines Lichtbogenauftragschweißprozesses von G4Si1 gezeigt. Hier wird ersichtlich, dass insbesondere im Bereich von 400 bis 600 Nanometern hohe Emissionen auftreten.

Die Strahlung des gemessenen Spektrums wirkt während einer In-Prozessvermessung auf den Lasertriangulationssensor. Idealerweise wird durch den Bandpassfilter nur

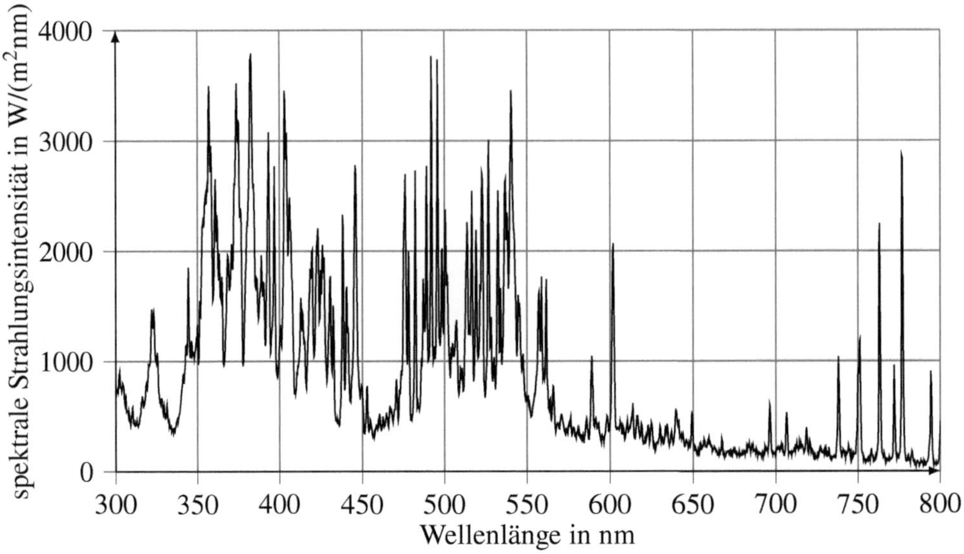

Abb. 4.3: Strahlungsspektrum des Lichtbogenauftragschweißprozesses von G4Si1 mit 144 Ampere

der Wellenlängenbereich des Beleuchtungslasers transmittiert. Untersuchungen mit unterschiedlichen Wellenlängen und Bandpassfiltern haben gezeigt, dass das breite Streustrahlungsspektrum beim Lichtbogenauftragschweißen dennoch einen großen Einfluss auf die Auswahl der Laserwellenlänge für das Sensorsystem hat, da Teile dieser Strahlung ebenfalls durch den Bandpassfilter transmittiert werden. Im Bereich dieser hohen Streustrahlung ist der Einsatz von Linien-Lasertriangulation nur mit hohen Leistungen des Beleuchtungslasers und kurzen Belichtungszeiten realisierbar. Zusätzlich kommt es, wie in [19] vorveröffentlicht, bei schnellen Schweißiterationen zu einem Wärmestau im generierten Bauteil. Dieser äußert sich durch ein optisch sichtbares Glühen der Oberfläche im Wellenlängenbereich von 600 bis 700 Nanometern. Da die Kamera des Lasertriangulationssensors auf die Oberfläche gerichtet ist, wirkt die emittierte Strahlung bei Sensorsystemen mit einer Wellenlänge im selben Spektralbereich auf die Messung. Abbildung 4.4 zeigt eine Laserlinie mit einer zentralen Wellenlänge von 646 Nanometern auf einer glühenden und einer erstarrten Schweißnahtoberfläche. Aufgrund hoher Störstrahlungsanteile im Bereich der glühenden Schweißnahtoberfläche ist eine stabile Detektion der Laserlinienposition nur bedingt möglich.

In Kombination mit den Erkenntnissen über das prozessspezifische Strahlungsspektrum und dem entstehenden Glühen der Oberfläche lässt sich schließen, dass die Auswahl der Bandpassfilter auf Basis der verwendeten Prozesstechnologie erfolgen muss. Ergänzend können zur Reduktion des wärmestaubedingten Glühens geeignete Aufbaustrategien gewählt werden.

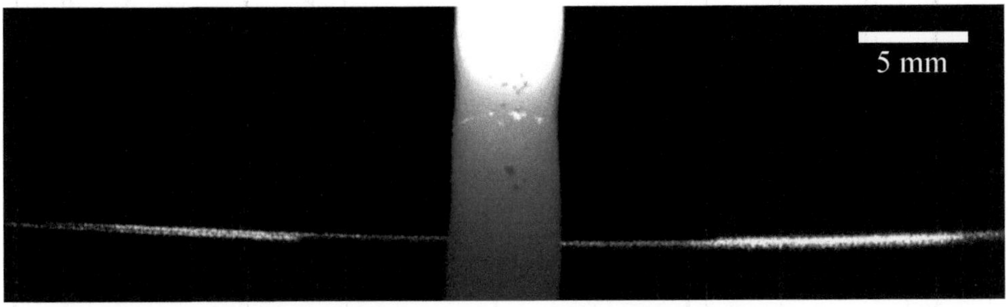

(a) Laserlinie auf glühender Schweißnahtoberfläche

(b) Laserlinie auf erstarrter Schweißnahtoberfläche

Abb. 4.4: Laserlinie mit einer Wellenlänge von 646 Nanometern auf der Schweißnahtoberläche

4.2.1.3 Zufällige Effekte

Neben den systematischen Effekten wie den oben beschriebenen Einflüssen wirken auch zufällige Effekte auf die Messunsicherheit des Sensorsystems. Diese Effekte können als Messrauschen zusammengefasst werden, da diese Unsicherheiten statistisch verteilt auftreten. Sie umfassen unter anderem das Photonenrauschen, das thermische Rauschen, das Quantisierungsrauschen und die Laserspeckle.
Das thermische Rauschen betrifft dabei die internen Rauschvorgänge im CMOS-Sensor. Es beschreibt das zufällige Freiwerden von Elektronen im Sensorchip. Dabei entsteht ein kurzzeitiger Stromfluss, der Dunkelstrom genannt wird [112, 113, 52]. Die resultierende Höhe des Dunkelstroms ist von der Belichtungszeit und der Sensortemperatur abhängig. Abbildung 4.5 zeigt beispielhaft die Abhängigkeit des Dunkelstroms von der Belichtungszeit aus den durchgeführten Untersuchungen. Erhöht sich zusätzlich die Temperatur des CMOS-Sensors, steigt das induzierte Rauschen im Kamerabild. Der resultierende Dunkelstrom verdoppelt sich bei Zimmertemperatur alle 7°C [114]. Aufgrund der hohen Umgebungstemperaturen im Auftragschweißprozess ist eine Änderung der CMOS-Sensortemperatur möglich, was zu einem erhöhtem Rauschen der Pixelintensitäten führt.

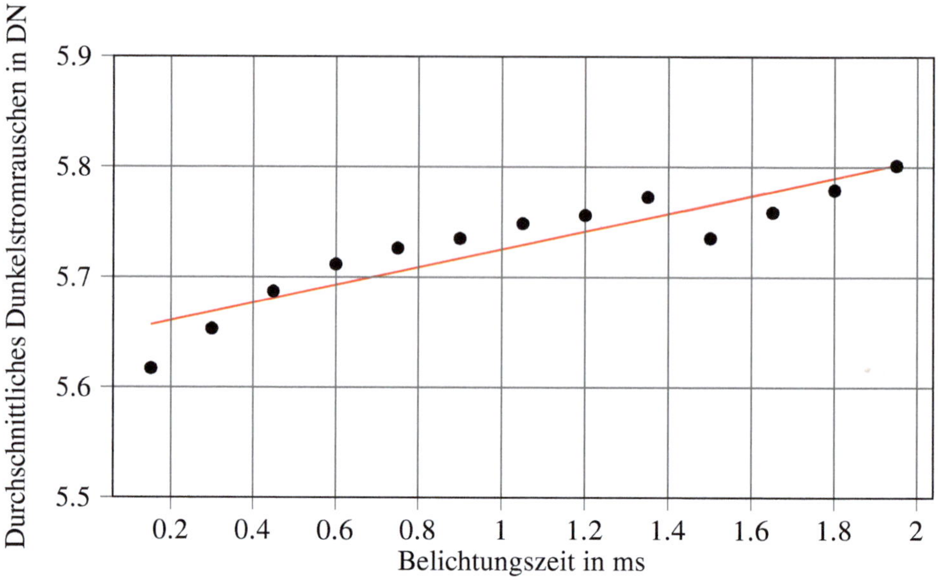

Abb. 4.5: Dunkelstromrauschen abhängig von Bildsensor-Temperatur und Belichtungszeit mit einer Schwarzwertkorrektur von 5 DN

Das Quantisierungsrauschen entsteht durch die diskrete Abtastung des analogen Messsignals. Bei der Abtastung kommt es zu Quantisierungsfehlern, die die Abweichung der Signale beschreiben. Diese Abweichungen sind maßgeblich durch die Quantisierungsschritte beeinflusst [66, 52]. Diese müssen daher bei der Auswahl des Kamerasystems berücksichtigt werden.

Das Photonenrauschen entsteht durch die Quanteneigenschaften der elektromagnetischen Strahlung. Bei der Exposition der CMOS-Matrix mit elektromagnetischer Strahlung werden durch den fotoelektrischen Effekt Elektronen frei, die zu einem auswertbaren Strom führen. Aufgrund der Photonenstatistik, nach der die Strahlung durch die Poisson-Wahrscheinlichkeitsverteilung beschrieben werden kann, schwankt die eintreffende Photonenzahl von Zeitintervall zu Zeitintervall. Dies führt auch bei unbewegten Bildern zu einem Rauschen. [113, 112]

Ein weiterer Effekt auf die Messunsicherheit sind Laserspeckle. Sie treten bei der Reflexion des monochromatischen Beleuchtungslaserstrahls an mikroskopisch rauen Oberflächen im Größenbereich der Laserwellenlänge auf. Durch die raue Oberfläche entstehen Lichtstrahlen mit statistisch verteilten optischen Reflexionslängen, die zu stochastisch verteilten Intensitäten aufgrund von konstruktiven und destruktiven Interferenzen auf der Kamera führen [115]. Die Reflexionslängen unterscheiden sich in einigen Wellenlängen [51]. Die Entstehung von Laserspeckle lässt sich durch die Reduzierung der Kohärenz der Lichtquelle reduzieren, da die Strahlen weniger

interferieren [116]. Deren Verwendung führt aber zu einem geringeren Messbereich und einem größeren Fokusdurchmesser [41].
Der Einfluss der beschriebenen Rauscheffekte auf das resultierende Bild und den Liniendetektionsalgorithmus für die Lasertriangulationsmessung kann über den Signal-Rausch-Abstand bewertet werden. Dieser charakterisiert das Verhältnis vom Signalmittelwert zur Standardabweichung des Rauschens. Dieses Verhältnis ist abhängig von der Anzahl der eintreffenden Photonen [113]. Daraus ist erkennbar, dass insbesondere bei geringen Belichtungszeiten das Rauschen einen Einfluss auf die Auswertung hat. Typische Belichtungszeiten für die durchgeführten In-Prozessmessungen liegen im Bereich von 100 bis 300 μs. Bei der Vermessung einer rauen Oberfläche zeigt sich dabei ein Signal-Rausch-Abstand von 20 dB bei einem 8-Bit Bild bei Raumtemperatur. Dieser Wert wird dabei maßgeblich durch das Photonen- und Specklerauschen dominiert. Daher ist die Untersuchung des auftretenden Specklerauschens gezogen auf die jeweilige Messapplikation notwendig.

4.2.1.4 Optische Einflüsse

Neben den beschriebenen Rauscheffekten haben auch weitere optische Phänomene einen Einfluss auf die Messunsicherheit des Messsystems. Wie in Kapitel 2 beschrieben, kommt für die störungsreduzierte Detektion eine Kombination aus Laserdiode und Bandpassfilter mit korrespondierender zentraler Wellenlänge zum Einsatz. Bei der Auslegung ist zu beachten, dass sowohl die zentrale Wellenlänge des Lasers, als auch des Bandpassfilters Fertigungstoleranzen haben [117]. Inkorrespondierende Wellenlängen führen bei schmalen Halbwertsbreiten des Bandpassfilters zur Verhinderung der Transmission auf den Sensorchip. Des Weiteren hat die Interferenzeigenschaft des Bandpassfilters selbst ebenfalls einen Einfluss auf die Transmission der Laserlinie. Bandpassfilter basieren auf dem Prinzip der Brechung an dünnen Schichten und resultierender Interferenz. Dabei hat die Dicke der Beschichtung einen signifikanten Einfluss auf die Eigenschaften der Bandpassfilter. Daher sind gängige Bandpassfilter für die Passierung der elektromagnetischen Strahlung mit einem Soll-Einfallswinkel von 0 Grad ausgelegt. Mit zunehmendem Einfallswinkel ändern sich die geometrischen Zusammenhänge. Dadurch ändert sich die transmittierte Wellenlänge in Richtung kürzerer Wellenlängen. Dieser Effekt wird Blue Shift oder auch Angle Shift genannt. Die Gleichung 4.3 beschreibt die Abhängigkeit der transmittierten Wellenlänge λ_θ vom Einfallswinkel β der elektromagnetischen Welle in einem Bandpassfilter [118]. Dabei beschreibt λ_0 die Wellenlänge bei 0 Grad Einfallswinkel und den effektiven Brechungsindex n_{eff} der Beschichtung des Bandpassfilters.

$$\lambda_\theta = \frac{\lambda_0}{n_{\text{eff}}}\sqrt{n_{\text{eff}}^2 - \sin^2\beta} \tag{4.3}$$

(a) Wellenlängenabhängiger Blue Shift an den Enden der Laserlinie

(b) Ohne Blue Shift-Effekt

Abb. 4.6: Laserlinien mit wellenlängenabhängiger und bandpassfilterbedingter Intensitätsverteilung

Da im Rahmen der Linien-Lasertriangulation Laserlinien verwendet werden, trifft auch Strahlung außerhalb der optischen Achse mit einem größeren Einfallswinkel auf den Bandpassfilter. Das äußert sich durch radiale Intensitätsabfälle auf dem Detektor entlang der Laserlinie. Die Intensität der transmittierten Laserlinie auf dem Detektor nimmt zu den Enden ab. Durchgeführte Untersuchungen zeigen, dass insbesondere Laserdioden mit einer positiven Fertigungstoleranz aufgrund des Downshifts zu der in Abbildung 4.6(a) dargestellten Intensitätsverteilung neigen. Es ist daher wichtig, die Bandpassfilter auf den Einsatzbereich und die verwendeten Laser abzustimmen. Durch die Abstimmung auf die Wellenlänge und den auftretenden Blue Shift ist die in Abbildung 4.6(b) dargestellte Intensitätsverteilung auf dem Sensorchip möglich. Des Weiteren zeigen die Untersuchungen, dass Laser mit einer Wellenlänge oberhalb der Soll-Wellenlänge nur mit Bandpassfiltern mit einer höheren Nennwellenlänge verwendet werden können. So zeigen zum Beispiel ein Laser mit einer Wellenlänge von 641 Nanometern bessere Detektionseigenschaften in Lasertriangulationsanwendungen, aufgrund geringer Intensitätsverluste an den Enden der Laserlinie, mit einem Bandpassfilter von 647 Nanometern. Dementsprechend ist eine gezielte Auslegung der korrespondierenden Elemente wichtig. In [119] wird zudem empfohlen, den Bandpassfilter zwischen Objektiv und Kamerachip zu platzieren, um den Einfallswinkel kleinzuhalten.

Ein weiterer Einfluss bei der In-Prozessqualitätssicherung beim Auftragschweißen bildet das gasförmige Transmissionsmedium. Bei der Vermessung heißer Oberflächen erfolgt ein Wärmeeintrag in die umgebene Atmosphäre, wodurch sich durch die Änderung der Umgebungsdrucks ein dreidimensionales Brechungsindexfeld ausbildet [44, 120]. Diese zufälligen Brechungsindexverteilungen im Transmissionsmedium führen zu einer Ablenkung des Laserstrahls und zu statistisch verteilten, Laserspeckle-ähnlichen Unsicherheiten in der Messung [51, 121]. Diese Effekte sind auch beim Auftragschweißen aufgrund der Wärmeeinbringung zu erwarten. Zusätz-

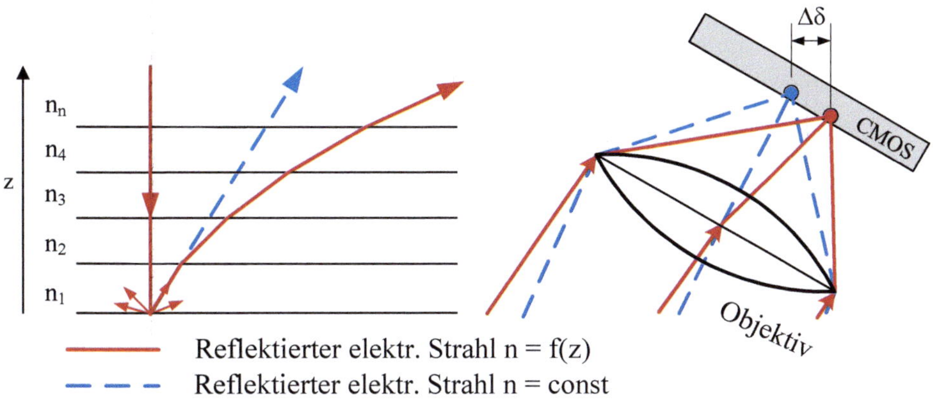

Abb. 4.7: Projektionsverschiebung durch Brechung an einem Brechungsindexfeld (vorveröffentlicht in [19])

lich weicht das Umgebungsmedium aufgrund der häufigen Verwendung von mit Argon gefüllten Schutzgaskammerkonzepten vom Kalibrierungszustand ab. Abbildung 4.7 zeigt die Brechung des reflektierten Lichtstrahls in einem solchen Brechungsindexfeld mit dem variierenden Brechungsindex n. Die entstehende Verschiebung der Projektion wird durch $\Delta\delta$ beschrieben.

Beim Auftragschweißen wird das Schutzgas zusätzlich durch die Bewegung des Prozesskopfes bewegt, was zu einer dynamischen Dichteverteilung führt. Es wird sich daher ein turbulentes Brechungsindexfeld ausbilden, welches auf die Messung wirkt. Die Wirkung hängt dabei ebenfalls von der Position des Sensors ab. Befindet sich dieser außerhalb der Prozesskammer, entsteht zusätzlich ein veränderter Brechungsindex im Bereich der Grenzschicht zwischen Atmosphäre und Schutzgaskammer. Des Weiteren können auch Verschmutzungen durch Schmauch oder Zusatzwerkstoffpartikel das Medium verändern. Das erwartete Rauschen durch die Schutzgasathmosphäre zeigen auch durchgeführte In-Prozessmessungen. Dazu wurde mittels Laser-Pulverauftragschweißen eine 21 Schichten hohe und 150 Millimeter lange Einspurwand aufgebaut und direkt im Anschluss stationär die Änderung des Subpixelwerts untersucht. Dabei zeigt sich direkt nach dem Schweißprozess ein verstärktes Rauschen, das sich auf das turbulente Brechungsindexfeld zurückführen lässt. Mit abnehmender Temperatur des Bauteils nimmt das Rauschen ab.

Der beschriebene Einfluss des Brechungsindexfelds lässt sich nur in Einschränkungen durch die Prozessstrategie oder spezielle Schutzgaskonzepte beeinflussen. Für eine gezielte Auslegung der Lasertriangulationssensorik kann dieser Faktor aber nur bedingt berücksichtigt werden, spielt aber bei einer Messunsicherheit des Systems eine Rolle.

Ein weiterer systematischer Fehler entsteht durch die im EMVA 1288 Standard [113] beschriebenen Ungleichmäßigkeiten des Sensorchips. Dabei zeigen die einzelnen Pixelelemente der CMOS-Sensormatrix Ungleichmäßigkeiten beim Intensitätsverhalten [113]. Sie zeigen ein unterschiedliches Ansprechverhalten auf eintreffende Photonen, was sich sowohl pro Pixel als auch spalten- oder zeilenweise ausprägen kann. In diese Kategorien fallen zum Beispiel Hotpixel, die ein übermäßiges Ansprechverhalten aufweisen, oder auch defekte Pixel, die nicht auf eintreffende Photonen reagieren. Diese Ungleichmäßigkeiten entstehen durch produktionsbedingte Fehler oder Schwankungen. Zur Reduzierung dieser systematischen Fehler ist eine Fixed-Pattern-Noise-Korrektur oder Pixelinterpolation nötig, da durch diese Ungleichmäßigkeiten abhängig vom Detektionsalgorithmus Messunsicherheiten bei der Mittelpunktsberechnung entstehen [114].

4.2.1.5 Bewegung

Zur Realisierung einer dreidimensionalen Punktewolke mithilfe eines Linien-Lasertriangulationssensors ist eine Referenzbewegung durch eine Handhabungseinheit notwendig. Auch die Bewegung dieser Handhabungseinheit hat einen Einfluss auf die Messunsicherheit des gesamten Messsystems. Das Sensorsystem vollführt im Auftragschweißprozess eine Messung unter dynamischen Bedingungen, da das Messsystem über das Bauteil bewegt wird. Grundvoraussetzung für genaue Messergebnisse ist eine hohe Stabilität der optischen Hardware, bestehend aus den optischen Komponenten und der optischen Bank, zueinander. Ändert sich die geometrische Pose der optischen Komponenten während der Bewegung ist keine kalibrierte Messung mehr möglich. Anhand des 2. Strahlensatzes (Gleichung 4.4) kann der Fehler dx_u, der durch eine Änderung der Bildweite b entsteht, abgeschätzt werden.

$$\frac{x_u + \delta x_u}{b + \delta b} = \frac{x_c}{z_c} \rightarrow \delta x_u = \frac{x_c}{z_c}\delta b \tag{4.4}$$

Daraus wird ersichtlich, dass eine Änderung der Bildweite zu einer proportionalen Änderung der Kamerakoordinate führt. Dementsprechend sind bei der Auslegung des Systems hohe Genauigkeiten in der mechanischen Konstruktion als auch hinsichtlich der Prävention von wärmebedingter Materialausdehnung zu berücksichtigen.

Im vorherigen Abschnitt wurden die zufälligen Einflussfaktoren auf das Messsystem dargestellt. Eine gängige Methode zur Arbeit mit rauschbehafteten Daten ist die Verwendung von Mittelwerten. Dies ist im Auftragschweißprozess aufgrund der kontinuierlichen Bewegung nur bedingt möglich. Eine Mittelwertbildung über mehrere Profile hätte ein "Verschwimmen"der Messungen zur Folge. Aufgrund der

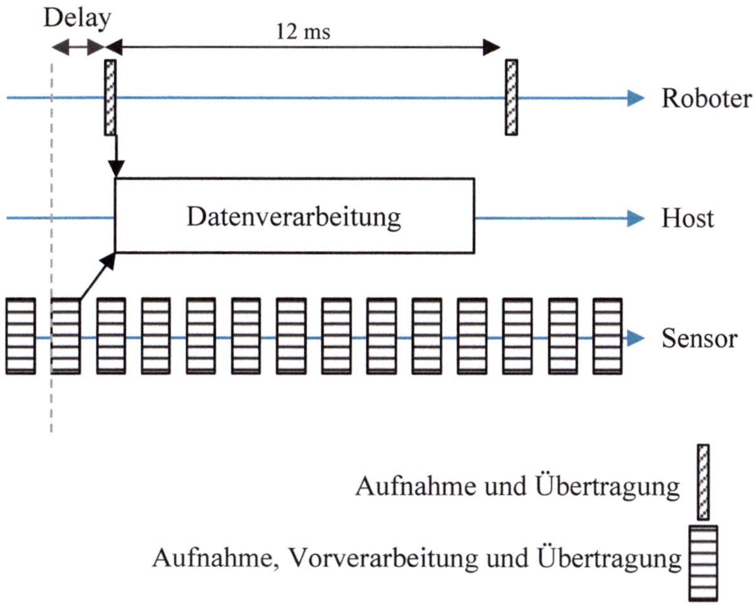

Abb. 4.8: Roboter-Sensor-Synchronität ohne Hardware-Triggerung

im Vergleich zur Sensormessfrequenz geringen Vorschubgeschwindigkeit wäre eine Mittelung bei sehr hohen Messfrequenzen (> 1000 Hz) aber möglich.

Ein weiterer Einflussfaktor auf die Qualität der Messung ist die Synchronität der Datenaufnahme zwischen Sensor und Handhabungseinheit. Das Sensor-Roboter-System kann als verteiltes System betrachtet werden, welches unterschiedliche absolute Zeitdefinitionen besitzt. Um die Korrespondenz zwischen Pose und Sensormesswert aufrechtzuerhalten, ist wie in anderen Domänen ([122], [123]) bereits beschrieben, eine möglichst gleichzeitige Datenaufnahme notwendig. Gängige Echtzeitschnittstellen bei Industrierobotern verfügen über eine deterministische Bereitstellung von Pose- und Maschinenkoordinateninformationen über Ethernet-Schnittstellen. Diese sind aber nicht mit einer hardwareseitigen Triggerung verknüpft. Je größer die Verzögerung zwischen Sensordaten und Roboterdaten ist, umso größer ist der Fehler in der resultierenden Punktewolke. In Abbildung 4.8 ist der Zusammenhang schematisch dargestellt. Um eine höhere Korrespondenz der beiden Messinformationen zu erlangen, ist eine wesentlich höhere Messfrequenz des Sensors im Vergleich zum Schnittstellentakt des Robotersystems notwendig.

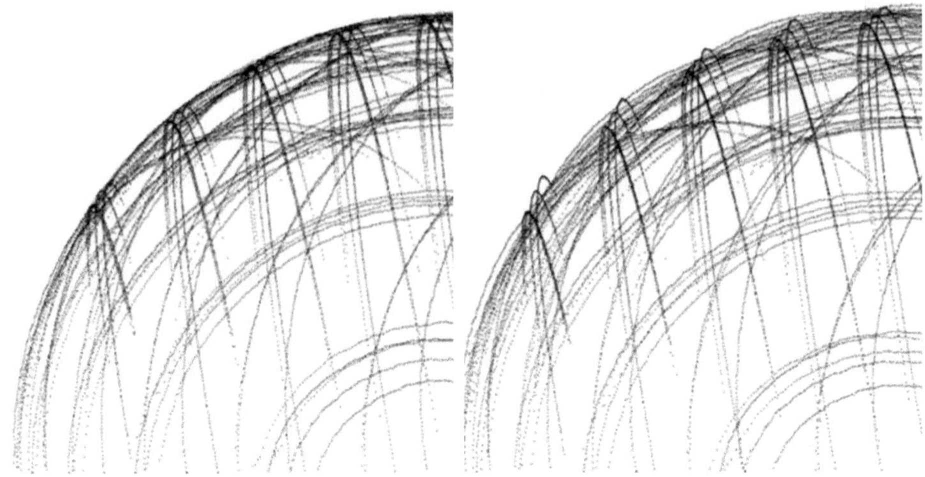

(a) Gute Transformation (b) Fehlerbehaftete Transformation

Abb. 4.9: Deformation und Verschiebung einer gescannten Referenzkugel durch eine fehlerbehaftete Hand-Auge-Transformation

4.2.2 Einfluss der Kalibrierung

Um aus den Pixelinformationen einen geometrischen Messwert zu erhalten, ist eine mathematische Modellierung des Sensorsystems notwendig. Die Kalibrierung dieses Modells ist aber ein essenzieller Vorgang für die Verwendung des Messsystems. Sie hat das Ziel den Zusammenhang zwischen Eingangs- und Ausgangssignalen mit erforderlicher Genauigkeit zu beschreiben [52]. Bei der Kalibrierung werden die Parameter des mathematischen Messsystemmodells bestimmt und die systematischen Fehler minimiert. Übliche Modellparameter sind in Kapitel 2 beschrieben. Neben den Kameramodellparametern sind dort auch die Transformationsparameter für die Transformation der Messdaten in ein ortsfestes Koordinatensystem enthalten. Sind die Modellparameter nur aus Konstruktionszeichnungen oder durch eine ungenügende Kalibrierung bekannt, ist eine hochgenaue Messung mithilfe des Messsystems nicht möglich. Gezeigt werden kann dies anhand der in Abbildung 4.9 dargestellten, gescannten Kugelpunktewolke. Bei dem Referenzobjekt handelt es sich um eine hochgenaue Keramikkugel mit einem Durchmesser von 30,00378 Millimetern.
Die dargestellte Deformation und Verschiebung der Punktewolken der durch ein Sensorelement gescannten Kugel wird dabei durch Fehler in der Hand-Auge-Transformation zwischen Sensor- und Roboterflanschkoordinatensystem hervorgerufen. Die zugrundeliegenden Posen unterscheiden sich um 0,2 Grad um die Y-Achse. Bei einem Kugelfit führt dies zu einem Mittelpunktsfehler für die Vektornorm von 0,12 Millimetern. Daraus wird ersichtlich, dass eine Optimierung kleiner Einflüsse

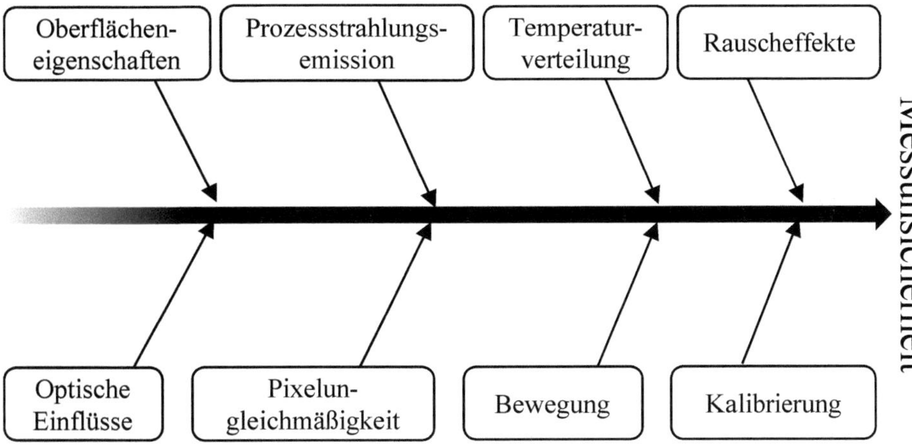

Abb. 4.10: Einflüsse auf die Messunsicherung im Auftragschweißprozess

nur einen Effekt zeigt, wenn die Kalibrierung ein möglichst kleines Minimum der Residuumsfunktion findet.

4.2.3 Bewertung der Einflüsse

Bei der im nächsten Kapitel beschrieben Entwicklung eines für den Auftragschweißprozess zugeschnittenen Sensors soll der Fokus auf die signifikantesten Einflüsse auf die Messunsicherheit gelegt werden. Alle oben beschriebenen Einflüsse wirken auf die Messunsicherheit eines Messsystems im Auftragschweißprozess. Abbildung 4.10 fasst die beschriebenen Einflüsse zusammen. Daraus wird erkennbar, dass sich die allgemeinen messtechnischen Einflüsse, wie die Kalibrierung oder das Messrauschen, mit anderen prozessspezifischen Einflüssen, wie den Prozessstrahlungsemissionen oder der dynamischen Bewegung, überlagern.
Einige systematische Einflüsse, wie die Umgebungstemperaturen oder die Temperaturverteilung im Sensorsystem, lassen sich konstruktiv oder modellbasiert kompensieren. Andere Einflüsse, wie die Oberflächenrauheit oder die Strahlungsemission im optischen Wellenlängenspektrum, können nicht verändert werden, aber geeignete optische Komponenten sowie Kompensationsalgorithmen integriert werden, um eine Kompensation der Einflüsse zu erreichen.
Für die Kalibrierung des mathematischen Sensormodells sind empirische Messdaten notwendig. Diese Messdaten weisen sowohl systematische Fehler als auch zufällige Fehler auf. Bei der Kalibrierung des Modells werden diese Fehler zu systematischen Fehlern der Modellparameter, da deren Zufälligkeit erst bei wiederholter Kalibrierung gleicher Systeme deutlich wird. Dementsprechend beeinflussen die zu-

fälligen Messfehler auch die Kalibrierung. Dennoch ist durch die Größenordnung der potenziellen Fehler ersichtlich, dass eine Optimierung der Rauscheinflüsse nur bei hochgenauen Kalibrierungsmethoden für die Bestimmung der Modellparameter sinnvoll ist. Daher wird bei der im nächsten Kapitel beschriebenen Entwicklung eines prozessspezifischen, geometrischen Sensorsystems ein Hauptaugenmerk auf die mathematische Modellierung und die Entwicklung einer sensorspezifischen Kalibrierungsmethodik gelegt.

Kapitel 5
Richtungsunabhängige Geometriesensorik

In diesem Kapitel erfolgt die Konzeption und die Entwicklung eines für den Auftragschweißprozess spezifischen, multidirektionalen Lasertriangulationssensors. Aufbauend auf den Erkenntnissen aus dem vorherigen Kapitel wird ein Schwerpunkt auf die Modellierung und Kalibrierung des resultierenden Messsystems gelegt.

5.1 Konzeption des richtungsunabhängigen Sensorsystems

Die Analyse der Einflussfaktoren und Anforderungen an ein lasertriangulatorisches Messsystem im Auftragschweißprozess zeigt die Notwendigkeit einer prozessspezifischen Auslegung der verwendeten Lasertriangulationssensoren. Die dargestellten Defizite und die daraus abgeleiteten Anforderungen bilden die Basis für die folgende Konzeption einer prozessspezifischen Sensorik für die geometrische Qualitätssicherung im Auftragschweißprozess. Das Konzept gliedert sich in die Elemente des optischen und mechanischen Aufbaus und die Elemente der integrierten Sensordatenverarbeitung, die im Folgenden näher erläutert werden.

5.1.1 Orthogonale, multidirektionale Anordnung

Die Prozessanalyse im vorherigen Kapitel hat die Richtungsunabhängigkeit als eines der wichtigsten konstruktiven Anforderungen an das Sensorsystem aufgezeigt. Zur Realisierung einer geometrischen Digitalisierung ist somit eine Vermessung in alle Raumrichtungen notwendig. Eine klassische Umsetzung mithilfe einer Multi-Sensor-Anordnung durch mehrere konventionelle Laser-Lichtschnittsensoren führt sowohl zu großen Störkonturen, als auch zu für die Industrie fehleranfälligen geometrischen Beziehungen. Daher setzt das in dieser Arbeit entwickelte Sensorkonzept auf einer integrierten Laser-Kamera-Anordnung auf, die durch eine Prozesskopf umhüllende lasertriangulatorische Messung ein multidirektionales Verfahren des Prozesskopfs ermöglicht. Diese Anordnung knüpft an den Vorveröffentlichungen der Patentschrift [124] sowie der unveröffentlichten Vorarbeit [125] des Autors an. Durch die Kombi-

M. Buhr, *Geometrische Qualitätssensorik für die roboterbasierte, additive Produktion*, Light Engineering für die Praxis,
https://doi.org/10.1007/978-3-662-69317-9_5

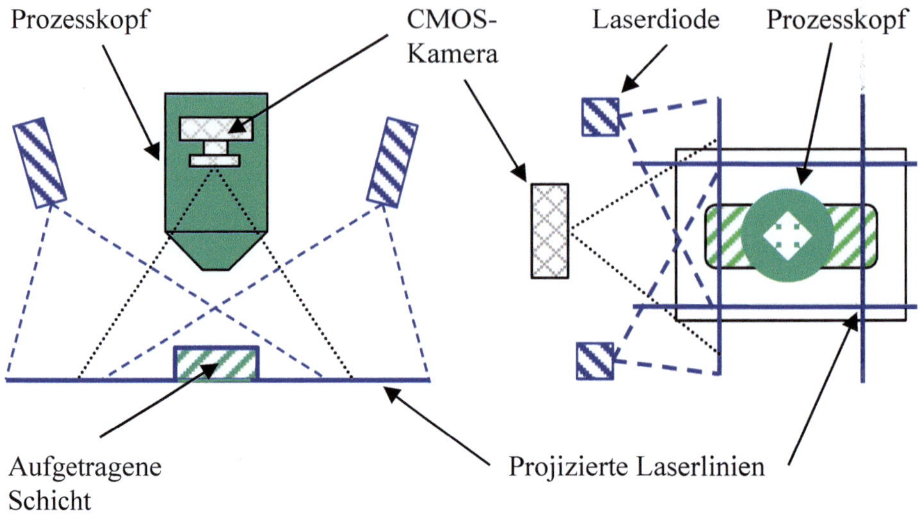

Abb. 5.1: Schematische Darstellung der orthogonalen, lasertriangulatorischen Anordnung

nation mehrerer Laserlinien wird eine Umhüllung der Prozesszone erreicht, sodass in jede Verfahrrichtung ein Höhenprofil detektiert und digitalisiert werden kann. Die Laserlinien bilden zusammen ein Quadrat um die Prozesszone, sodass auch eine Verfahrrichtung von 45 Grad abgedeckt wird. Abbildung 5.1 zeigt die schematische Darstellung der projizierten Laserlinien.

Um eine einheitliche Detektionsposition und eine definierte Messbereichsbreite in Bezug auf das Sensorsystem zu realisieren, ist eine konstante Kantenlänge des Messquadrats über den gesamten Messbereich des Sensorsystems notwendig. Das lässt sich nur durch eine lotrechte Exploration des Laserlichts auf die Bauteiloberfläche erreichen. Diese lotrechte Exploration führt aber aufgrund des Verhältnisses zwischen Prozesskopf- und Prozesszonendimension zu großen Verlaufdistanzen. Die Problematik zeigt sich ebenfalls beim Einsatz konventioneller Laser-Linientriangulationssensoren im Auftragschweißprozess.

Um eine geringe Abschattung (Okklusion) an den Körperflanken und ein kompaktes System mit geringen Vorlaufdistanzen zu realisieren, wird eine orthogonale Anordnung der Laserdioden, die in dem Patent [124] mündete, entwickelt. Die Anordnung besteht dabei aus vier Teilelementen. Ein Teilelement besteht aus jeweils zwei Laserdioden und einer Kamera, wobei die Laserdioden so ausgerichtet sind, dass sie eine gemeinsame Laserlinie auf die Oberfläche projizieren. Die Laserdioden sind orthogonal zur Kamera angeordnet. Die orthogonale Anordnung ist ebenfalls in Abbildung 5.1 dargestellt. Die Laserdioden sind dabei gegenläufig angeordnet und projizieren ihre Laserlinie seitlich auf einer gemeinsamen Raumkurve auf das Bauteil. Durch das seitliche Einstrahlen der Laserlinien wird ein geringer Vorlauf

(a) Vorne

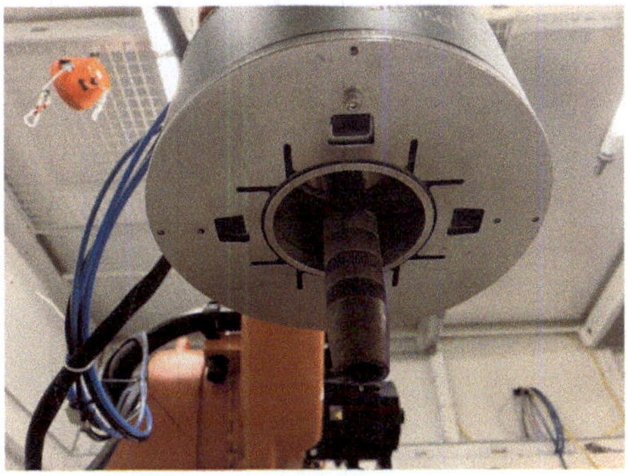

(b) Unten

Abb. 5.2: Sensorsystem am Prozesskopf für das Lichtbogenauftragschweißen

bei konstanter Quadratkantenlänge möglich, da an der Struktur des Bearbeitungskopfes vorbei beleuchtet werden kann. Die geringeren Vorlaufdistanzen führen zu reduzierten Totzeiten, da nur ein minimaler Vorlauf oder Nachlauf in der Bahnplanung vorgesehen werden muss. Um eine Richtungsunabhängigkeit für den Prozess zu ermöglichen, werden mehrere dieser Teilelemente kombiniert. Für den quadratischen Detektionsbereich, wie in dieser Arbeit vertieft, werden vier Teilelemente kombiniert.

5.1.2 Mechanische Konfiguration

Zur Realisierung einer geometrischen Qualitätssicherung in allen Raumrichtungen, wird die oben beschriebene Anordnung mechanisch als eine prozesskopfumhüllende, lasertriangulatorische Messung umgesetzt. Die mechanische Konfiguration bildet die Grundlage für die Herstellung der geometrischen Beziehungen und Fixierung der optischen Komponenten sowie der Resistenz gegenüber Umwelteinflüssen. Die orthogonale Anordnung ermöglicht ein kompaktes Messquadrat um die Prozesszone herum. Eine Messung sehr dicht am oder gar im Schmelzbad ist für eine geometrische Qualitätssicherung aber nur bedingt möglich, da die Geometrie des ausbildenden Schmelzbades nicht der erstarrten Geometrie entspricht.
Mechanisch wird das vierteilige Sensorsystem im Düsenbereich des Bearbeitungskopfes befestigt. Die Sensorhülle ist als Zylinder ausgeführt, um die entstehende prozessbezogene Störkontur zu verringern. Der Außendurchmesser beträgt 180 Millimeter und die Höhe 90 Millimeter. Der Bearbeitungskopf wird durch das Sensorsystem hindurchgeführt. Die Abbildung 5.2 zeigt das am Lichtbogenauftragschweißkopf montierte mechanische System.

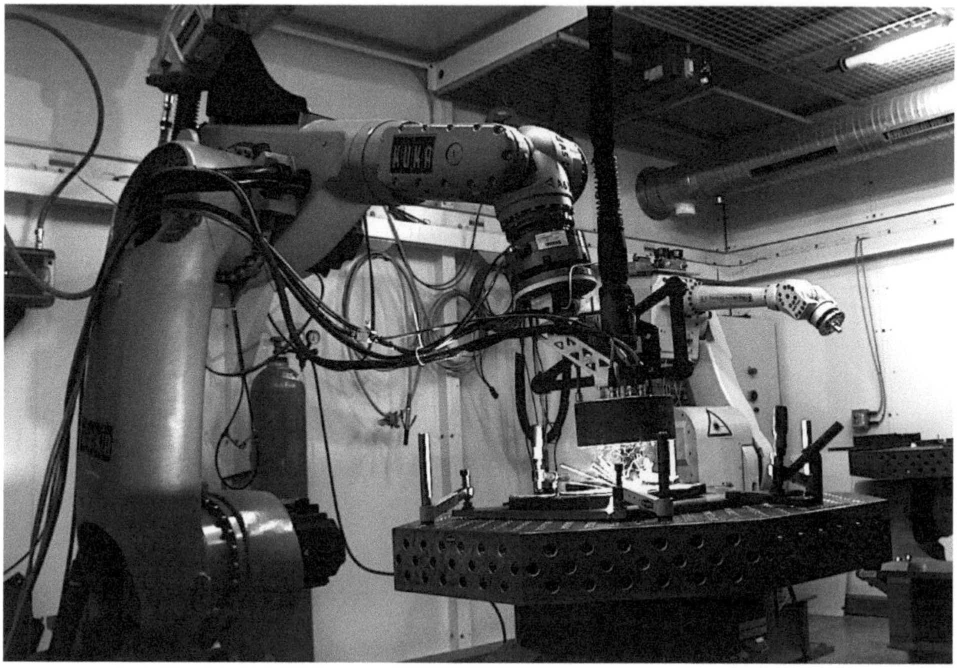

Abb. 5.3: Sensorsystem im Lichtbogenauftragschweißprozess

Der Arbeitsabstand des Sensors beträgt (100 ± 10) Millimeter. Das aufgespannte Messquadrat um die Prozesszone verfügt über eine Kantenlänge von 50 Millimetern. Die optische Bank ist additiv mit integrierten Luftkühlkanälen gefertigt. Die Auslässe befinden sich an den elektronischen Komponenten wie dem Sensorchip oder dem Verarbeitungschip, um eine Ableitung der Wärme zu realisieren. Durch den entstehenden Überdruck und das integrierte Auslassventil ist ein Luftaustausch zur Wärmeabfuhr im Sensor gewährleistet.
Aufgrund der Nähe zur Prozesszone und der daraus entstehenden thermischen Belastungen ist eine zusätzliche aktive Kühlung des Systems notwendig, um eine Beschädigung der mechanischen Struktur und der optischen Komponenten sowie einer Ausdehnung der Struktur entgegenzuwirken. Abbildung 5.3 zeigt das Sensorsystem im Auftragschweißprozess.
Zur aktiven Kühlung kommen elektrische Lüfter oder gasförmige und flüssige Medien infrage. Elektrische Lüftungssysteme sind aufgrund der Nutzung der direkten lokalen Umgebung als Kühlmedium nicht geeignet, da eine Kontamination des Sensorsystems durch die umgebene Atmosphäre nicht auszuschließen ist. Gasförmige Medien in Form von Druckluft und flüssige Medien in Form von Wasser sind in vielen Roboterproduktionssystemen bereits vorhanden und bilden daher eine einfach integrierbare Möglichkeit zur Kühlung des Sensorsystems. Die Anschlüsse sind in Abbildung 5.4 dargestellt.

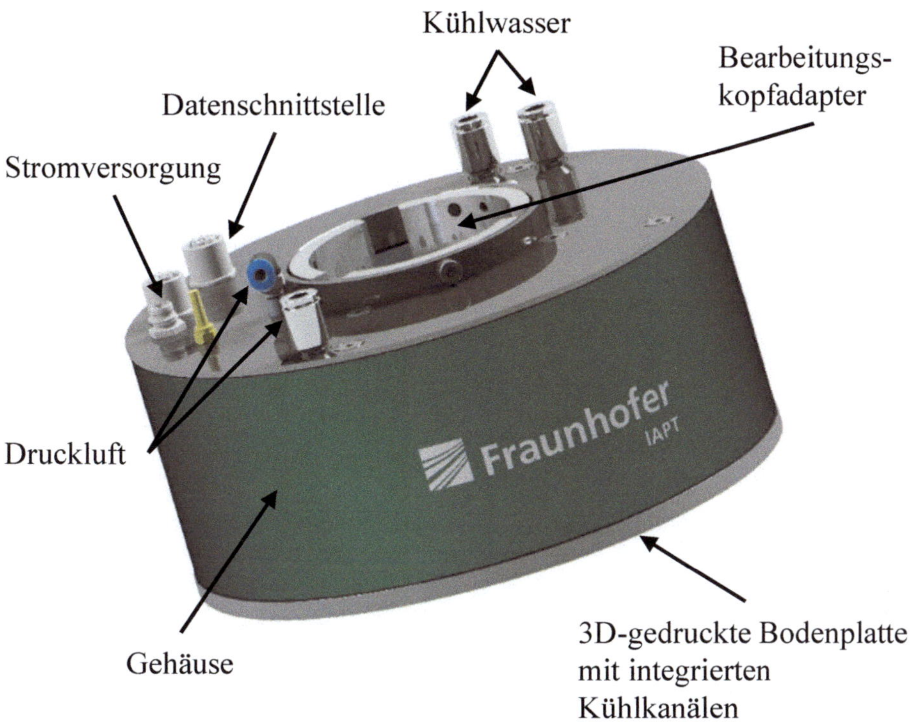

Abb. 5.4: Sensorsystem mit pneumatischen und elektrischen Anschlüssen (vorveröffentlicht in [126])

Aufgrund der höheren Wärmeleitfähigkeit von Wasser im Vergleich zu Luft wird Wasser als Kühlmittel verwendet. Zur Kühlung der Wärmestrahlung exponierten Unterseite des Sensorsystems ist der Sensor mit einer entsprechenden additiv gefertigten Kühlstruktur ausgestattet. Diese Wasser durchflossene Struktur gewährleistet konstante Temperaturen innerhalb des Sensorgehäuses, wodurch Schäden an den optischen und elektrischen Komponenten verhindert werden. Die Kühlstruktur ist spiralförmig um die Prozesskopfdurchführung aufgebaut, um eine gleichmäßige Kühlung der Struktur zu ermöglichen. Ergänzt wird das System durch ein Opferblech an der Unterseite. Dieses ist mit einer Distanz von 0,5 Millimetern montiert, um die Kühlplatte vor Kontamination zu schützen, aber auch einen Teil der Wärmestrahlung von der Sensorstruktur abzufangen. Die Untersuchung der Effektivität und die Ausführung der Kühlgrundplatte sind in [126] vorveröffentlicht.
Weitere potenziell schädigende Explorationen sind das pulverförmige Zusatzmaterial und der entstehende Schmauch. Das Sensorsystem ist daher durch Dichtungen, ein Schutzglas und einen Crossjet gegenüber der rauen Prozessumgebung geschützt. Das Eindringen der Partikel in das Gehäuse wird zusätzlich durch den durch das Kühlungsgas erzeugten Überdruck innerhalb des Sensorsystems gewährleistet. Die

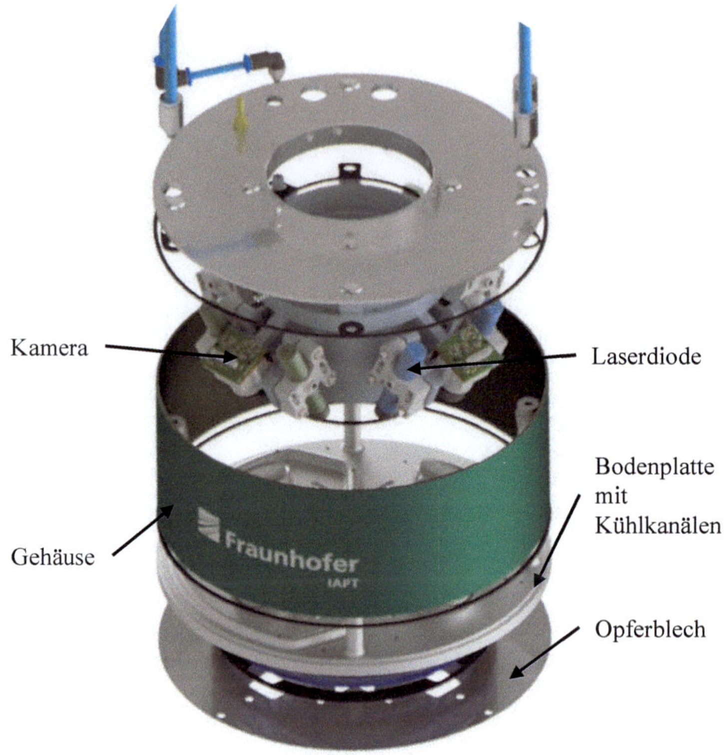

Abb. 5.5: Explosionsdarstellung der Sensorkonstruktion

orthogonalen Teilelemente basieren, wie im vorherigen Abschnitt beschrieben, auf der Kombination von Laserdiodenpaaren. Die konstruktive Anordnung ist in der Explosionsdarstellung in Abbildung 5.5 zu erkennen.

Die Diodenpaare eines Teilelements bilden eine gemeinsame Laserlinie auf der Oberfläche. Um dies über den gesamten Messbereich zu gewährleisten, müssen die Laserdioden dieselbe Ebene bilden. Da Herstellungstoleranzen der Sensorstrukturelemente sowie der Laserdioden eine exakte Ausrichtung bei fixierten Laserdioden verhindern, ist die Pose jeder Diode mittels eines Justiermechanismuses justierbar. Dadurch wird eine Justierung der Laserebenen über den gesamten Messbereich möglich. Weitere Ausführungen und Erläuterungen zum Justiermechanismus können [126] entnommen werden.

5.1.3 Optische Konfiguration

Die optische Konfiguration des Sensorsystems setzt sich aus aktiven und passiven optischen Elementen zusammen. Die aktiven Elemente sind die Laserdioden und CMOS-Kamerasensoren. Sie sind für die Emission und Detektion der sichtbaren elektromagnetischen Strahlung zuständig. Ergänzt wird das System durch strahlformende und prozessbedingte passive optische Elemente. Dazu zählen Linsen, Objektive, Bandpassfilter und Schutzgläser. Das im vorherigen Abschnitt beschriebene Messquadrat wird als Achsenspiegelung ausgeführt. Dabei emittieren jeweils die gegenüberliegenden Laserlinien Laserstrahlung mit derselben zentralen Wellenlänge, um eine Detektion in den Kreuzungspunkten sicherzustellen. Ideale Laserdioden zeichnen sich durch die Emission von monochromatischem Laserlicht einer definierten Wellenlänge aus. Aufgrund von Fertigungstoleranzen und thermischen sowie Quanten-Effekten entstehen in der Praxis Abweichungen von diesen Eigenschaften. Daher ist eine Bestimmung der einzelnen, zentralen Laserwellenlänge essenziell, um die Zentralwellenlänge des Bandpassfilters möglichst nah an der Zentralwellenlänge des Lasers zu wählen. Liegt die Zentralwellenlänge im äußeren Bereich der Halbwertsbreite des Bandpassfilters, bei der der Filter noch 50 Prozent der maximalen Transmission aufweist, sinkt die transmittierte Strahlung und die Laserlinie kann nicht mehr über die gesamte Messbreite und den gesamten Messbereich detektiert werden.

Des Weiteren ist die CMOS-Einheit anhand der gewählten Laserwellenlänge auszuwählen, um mit einem passenden Photonenspektrum eine hohe Effizienz zu gewährleisten. Anschließend ist aber eine Selektion des entsprechenden Spektralbereichs und eine Detektion an den Kreuzungspunkten der Laserlinien durch die unterschiedlichen Wellenlängen möglich. Die verwendeten Bandpassfilter sind zusätzlich für die Detektion unter Störstrahlung durch den Auftragschweißprozess möglich. Des Weiteren wird zum Schutz vor Schmauch und Schweißspritzer aus dem Auftragschweißprozess das System um ein Schutzglas ergänzt. Die in [19] veröffentlichten Versuche zeigen die hauptsächliche Einwirkung von Wärmestrahlung auf das Sensorsystem. Daher kommt ein Schutzglas mit Infrarot-Sperrbeschichtung zum Einsatz. Die resultierende Reflexion der Infrarot-Strahlung bietet sowohl Vorteile gegen Erhitzung des Sensorsystems, als auch eine Reduzierung der Rauschvorgänge.

Die Verwendung von Objektiv, Filtern und Schutzglas führt zu einer Mehr-Reflexionskonfiguration, ähnlich wie in [127] beschrieben. Bei der Transmission durch die optischen Elemente wird der reflektierte Laserstrahl gebrochen. Daher ist eine Kalibrierung mit montierten Schutzgläsern zur Berücksichtigung der Brechung notwendig.

Die Wahl der Laserdioden und der korrespondierenden Bandpassfilter erfolgt entsprechend den prozessspezifischen Gegebenheiten und dem Emissionsspektrum des Prozesses. Für die Wahl einer auf den Prozess abgestimmten Wellenlänge wur-

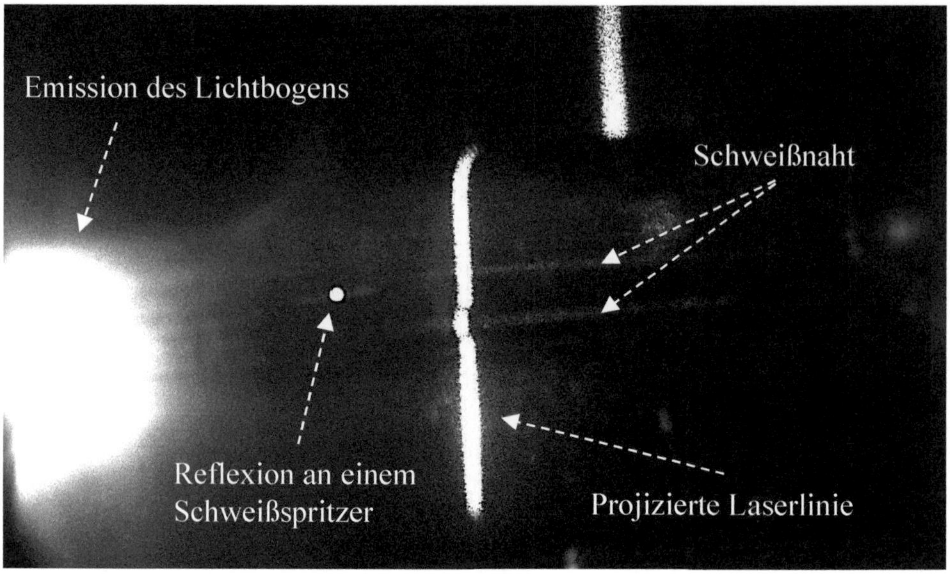

Abb. 5.6: Kamerabild mit Laserlinie und Prozessleuchten

den Schweißversuche mit unterschiedlichen Wellenlängen mit korrespondierenden Bandpassfiltern im Lichtbogenauftragschweißprozess durchgeführt. Abbildung 5.6 zeigt das Bild einer nachlaufenden Kamera mit einem Bandpassfilter mit einer Zentralenwellenlänge von 405 Nanometern und einem Linienlaser mit einer Wellenlänge von ebenfalls 405 Nanometer im Lichtbogenauftragschweißprozess. Es ist erkennbar, dass die Prozessemissionen ebenfalls den Bandpassfilter passieren.
Insbesondere im Lichtbogenauftragschweißprozess zeigen die Versuchsergebnisse schlechte Detektionseigenschaften bei Laserwellenlängen in Bereichen um 405 Nanometern und 520 Nanometern. Ähnliche Ergebnisse lassen sich aus den durchgeführten Spektraluntersuchungen (siehe Abschnitt 4.2.1.2) schließen. Die detektieren Strahlungsintensitäten in diesem Spektralbereich korrespondieren mit den detektierten Artefakten durch die Prozessstrahlungsemissionen im Bild.
Den Ergebnissen gegenüber steht die in Kapitel 4 beschriebene Problematik der Interferenz durch glühende Oberflächen im Bereich von 640 Nanometern bei kurzen Schweißiterationen. Die Verwendung kürzerer Belichtungszeiten und höherer Laserleistungen würden den Effekten entgegenwirken. Um weiterhin flexible Untersuchungen mit dem Sensorsystem durchführen zu können, werden daher im Folgenden sehr kurze Schweißiterationen mit Schweißnahtlängen kleiner 100 Millimetern ausgeschlossen und die weiteren Versuche mit Laserdioden mit einer Wellenlänge von 685 bzw. 640 Nanometern durchgeführt. Für die Selektion des entsprechenden Spektralbereichs werden korrespondierende schmalbandige Bandpassfilter, die dem in Kapitel 4 beschriebenen Blue Shift-Effekt berücksichtigen, integriert.

5.1.4 Konzept für die Bilddatenverarbeitung

In diesem Abschnitt wird das Konzept für die lasertriangulatorische Bilddatenverarbeitung für die Bereitstellung von 3D-Informationen beschrieben. Um diese 3D-Informationen aus den aufgenommenen Pixeldaten für die geometrische Qualitätssicherung zu extrahieren, wird die Bilddatenverarbeitung in fünf Schritte unterteilt:

1. Aufnahme
2. Segmentierung
3. Merkmalsextraktion
4. 3D-Berechnung
5. Prozessinteraktion und Datenübertragung

Die Schritte werden sowohl softwareseitig, als auch in Teilen hardwareseitig modularisiert. Die einzelnen Elemente sind in Abbildung 5.7 dargestellt. Hardwareseitig wird auf ein verteiltes Datenverarbeitungssystem gesetzt, welches aus einem Field Programmable Gate Array (FPGA) und Central Processing Unit (CPU)-Einheiten besteht.
Diese Unterteilung ermöglicht eine effiziente Echtzeit-Datenverarbeitung. Dabei übernimmt der FPGA, der durch seine programmierbare Hardware eine parallele und echtzeitfähige Verarbeitung ermöglicht, die Bilddatenaufnahme und Segmentierung. Die Merkmalsextraktion und die Berechnung erfolgen anschließend auf den CPU-Einheiten, die für Matrixoperationen geeignet ist. Diese Aufteilung ist möglich, da für den Auftragschweißprozess im Vergleich zu anderen Vermessungsanwendungen nur geringe Messfrequenzen erforderlich sind. Für hohe Messfrequenzen ist eine Optimierung und Implementierung der Merkmalsextraktionsalgorithmen auf dem FPGA notwendig. Im Folgenden werden die einzelnen Teilschritte näher erläutert.

Bildaufnahme

Die Bildaufnahme erfolgt mithilfe der CMOS-Sensoren. Einfluss auf die Bildausprägung haben dabei die optischen Elemente der Kameraeinheit, aber auch die Konfigurationsparameter der Kamera, wie Belichtungszeit und Verstärkung. Die Belichtungszeit hat dabei sowohl einen Einfluss auf die einzelne Dauer einer Messung und damit die maximal erreichbaren Abtastfrequenzen als auch auf die Ausbildung der laserlinienspezifischen Gaußverteilung im Bild. Diese Gaußverteilung hat im Schritt der Merkmalsextraktion einen essenziellen Einfluss auf die Genauigkeit der Messung.
Abbildung 5.8 zeigt die Ausbildung der Laserlinie bei unterschiedlicher Belichtungszeit. Bei langer Belichtungszeit wird das Gaußprofil aufgrund der Erreichung der Sättigung abgeschnitten. Das abgeschnittene Profil durch das Erreichen der

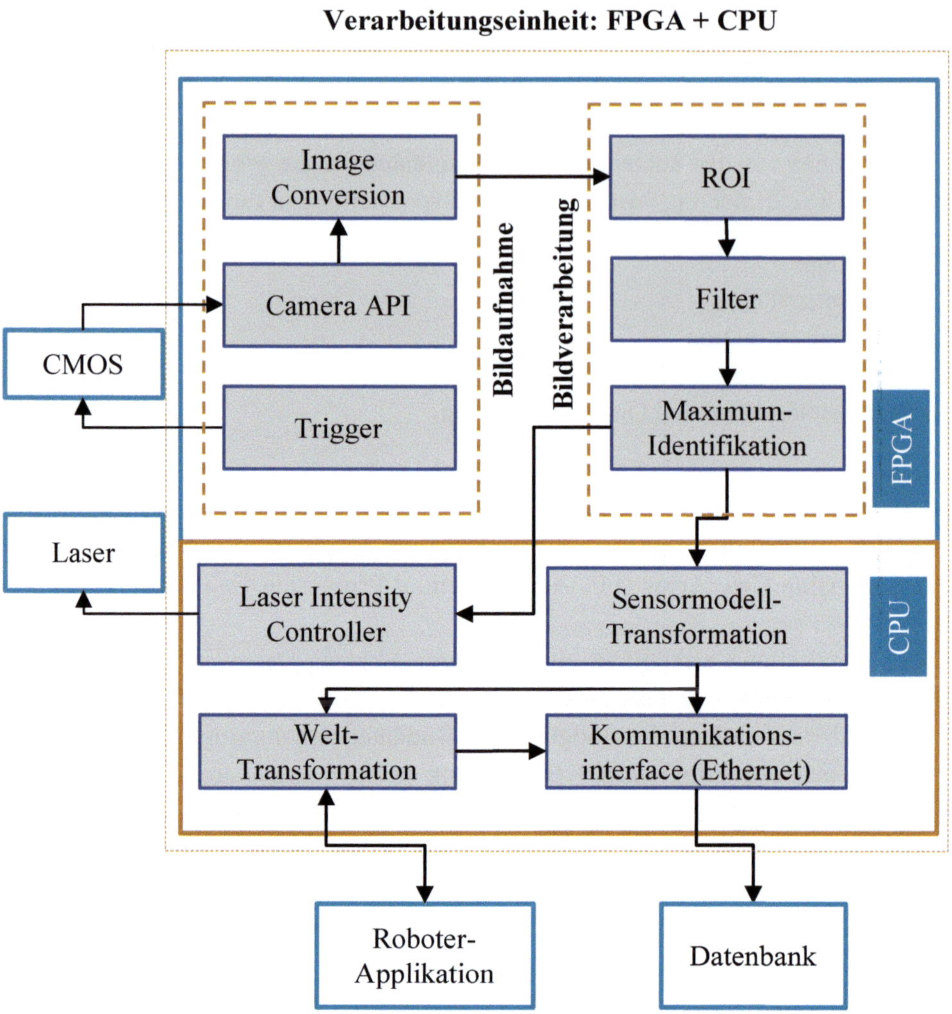

Abb. 5.7: Blockschaltbild zur Datenverarbeitung

Sättigung reduziert die Genauigkeit des im nächsten Schritt beschriebenen Detektionsalgorithmus und muss daher vermieden werden. Der Verstärkungsparameter der CMOS-Sensoren dient zur Anpassung des Profils an den dynamischen Messbereich des Sensors. Neben dem Einfluss auf die Intensität der Bilddaten führt die Verstärkung auch zu einer Erhöhung von Fehlreflexionen und Rauschen im Bild. Daher ist eine prozess- und materialspezifische Wahl dieser Parameter essenziell.

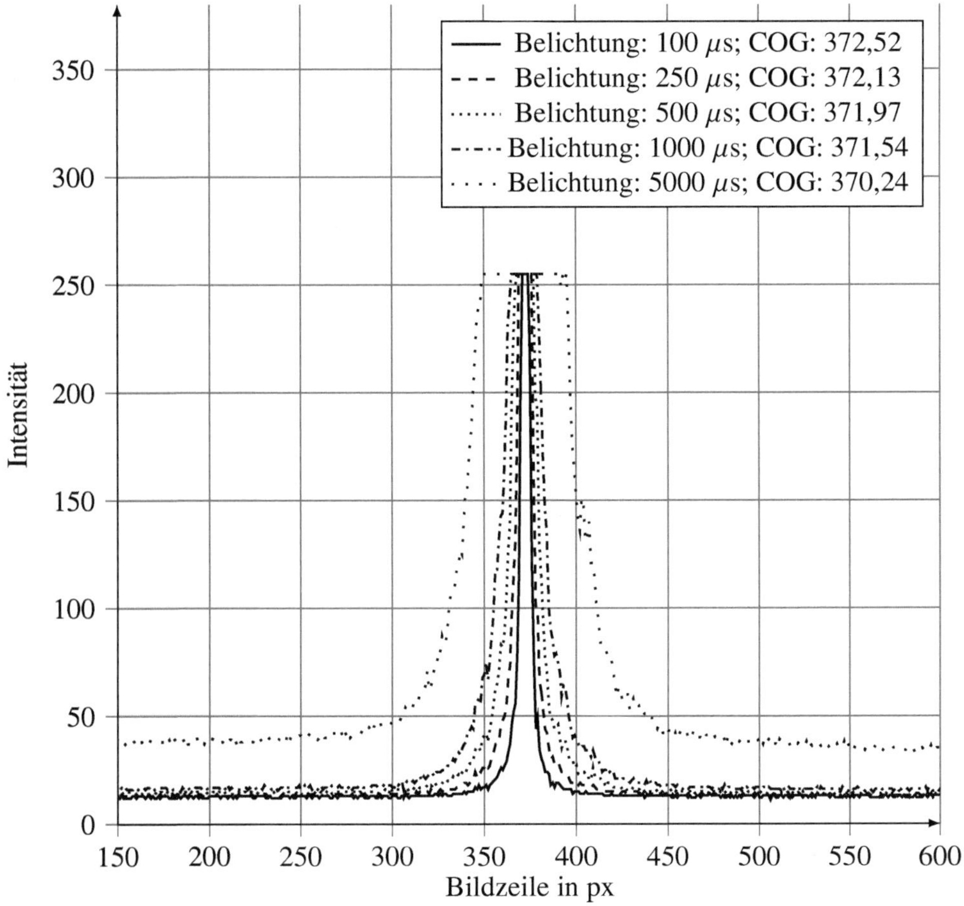

Abb. 5.8: Belichtungszeitabhängige Intensitätsverteilung orthogonal zur Laserlinie

Segmentierung

Im Bilddatenverarbeitungsschritt der Segmentierung erfolgt die Einschränkung und Vorverarbeitung der Bilddaten. Dazu wird die globale Region of Interest (ROI) auf der Sensormatrix auf den Messbereich des Sensorsystems festgelegt. CMOS-Sensoren werden üblicherweise zeilenweise ausgelesen. Durch die Einführung von ROIs mit reduzierter Zeilenanzahl entstehen im Vergleich zur Vollauflösung sowohl kürzere Bildauslesezeiten, als auch kürzere Verarbeitungszeiten während der Merkmalsextraktion.
Ergänzt wird die Segmentierung durch ein lokales, dynamisches Suchfenster, das, in Anlehnung an [128], durch die vorherige Detektionsposition bestimmt wird. Die segmentierten Daten können anschließend in der Merkmalsextraktion für die Bestimmung der Laserlinienposition benutzt werden.

Merkmalsextraktion

Die Extraktion und Detektion der Laserlinie im Kamerabild erfolgt auf Basis des Schwerpunktverfahrens (COG). Das Verfahren wird gewählt, da es im Vergleich zu Maximums- oder Threshold-Verfahren höhere Genauigkeiten und im Vergleich zum FIR-Peak-Verfahren geringere Berechnungszeit auf der CPU-Einheit benötigt [119]. Zur Vermeidung der Detektion von Prozessreflexionen oder anderen Artefakten im Bild erfolgt die Detektion oberhalb eines reflexions- und intensitätsspezifischen Schwellwerts I_{th}. Wird ein Pixel oberhalb des Schwellwerts detektiert, wird zur Reduzierung des specklebedingten Messrauschens ein lokaler, zwei dimensionaler Glättungsfilter angewendet.
Mittels des COG-Algorithmus wird anschließend der Mittelpunkt der Laserlinie $y_{\mathrm{j}}^{\mathrm{COG}}$ für jede Spalte j des Kamerabilds berechnet. Dies erfolgt nach Gleichung 5.1 anhand des Schwerpunkts des auf der Kameramatrix abgebildeten Gaußlaserprofils [41]. Die Weiterverarbeitung der extrahierten Linien-Informationen erfolgt, wie in Kapitel 2 beschrieben, anhand eines Sensormodells.

$$\mathrm{y}_{\mathrm{j}}^{\mathrm{COG}} = \frac{\sum_{\mathrm{i}=1}^{\mathrm{N}} \mathrm{y}_{\mathrm{i,j}}^{\mathrm{u}}(\mathrm{I}(\mathrm{x}_{\mathrm{i,j}}^{\mathrm{u}}, \mathrm{y}_{\mathrm{i,j}}^{\mathrm{u}}) - \mathrm{I}_{\mathrm{th}})}{\sum_{\mathrm{i}=1}^{\mathrm{N}} \mathrm{I}(\mathrm{x}_{\mathrm{i,j}}^{\mathrm{u}}, \mathrm{y}_{\mathrm{i,j}}^{\mathrm{u}})} \tag{5.1}$$

3D-Berechnung

Die Grundlage der Messwertberechnung bildet das geometrische Sensormodell. Dieses Modell beschreibt die Abbildung von pixelbasierten 2D-Positionen der Laserlinie in 3D-Koordinaten im Sensorkoordinatensystem. Dabei müssen sowohl die geometrischen Beziehungen (Abstände und Verschiebungen) als auch die physikalischen Einflüsse wie Linsenverzerrungen berücksichtigt werden. Auf die Modellierung und die essenzielle Kalibrierung des Modells wird in Abschnitt 5.2 näher eingegangen.

Prozessinteraktion und Datenübertragung

Die Nutzung des Sensorsystems für die geometrische Qualitätssicherung beim Auftragschweißen setzt eine softwareseitige Integration in den Prozess voraus. Die geometrische Qualitätssicherung erfolgt meist auf Basis von dreidimensionaler Punktewolken. Dazu ist eine Transformation in ein ortsfestes Weltkoordinatensystem des Prozesses notwendig. Näheres dazu wird in Abschnitt 5.2 beschrieben. Um eine sensorseitige Transformation durchzuführen, ist eine Interaktion mit Bewegungskinematiken über Bus- oder Internetprotokolle wie User Datagram Protocol (UDP), Transmission Control Protocol (TCP) oder Profinet notwendig. Die direkte

Interaktion zwischen Sensor und Bewegungskinematik gewährleistet eine Echtzeit-Verarbeitung der Roboterposen sowie eine hohe Synchronität der Messdaten und Roboterposen.
Die Übertragung der transformierten Messdaten erfolgt anschließend über standardisierte Datenübertragungsprotokolle, wie Message Queuing Telemetry Transport (MQTT) oder Open Platform Communications Unified Architecture (OPC UA). Diese Verknüpfung ermöglicht die anschließende Integration in Qualitätssicherungsplattformen.

5.2 Mathematische Modellierung des Messsystems

Im folgenden Abschnitt wird das mathematische Modell des Messsystems, bestehend aus dem in Abschnitt 5.1 beschriebenen Sensorsystem und der Bewegungskinematik, entwickelt. Das Modell unterteilt sich daher in die folgenden Teilmodelle:

- Kameramodell
- Laserebenenmodell
- Hand-Auge-Modell
- Kinematikmodell

Durch die Kombination der Teilmodelle wird eine messtechnische Verarbeitung der zweidimensionalen Pixelinformation möglich. Dabei werden die 2D-Kameradaten in ein ortsfestes 3D-Weltkoordinatensystem transformiert, die für die Weiterverarbeitung im Rahmen der geometrischen Qualitätssicherung genutzt werden können. Die ersten Elemente bilden dabei das geometrische Multi-Laser-Kameramodell, des in Abschnitt 5.1 beschriebenen Sensorsystems, mathematisch ab. Das Kinematikmodell ergänzt die Transformation in das ortsfeste Koordinatensystem der Roboterbasis.

5.2.1 Geometrisches Modell

5.2.1.1 Geometrisches Multi-Laser-Kameramodell

Das implementierte, geometrische Modell berücksichtigt in Anlehnung an [53] die folgenden sechs Teilschritte:

- Hauptpunktverschiebung
- Kippwinkelfehler
- Radiale Verzerrung
- Zentralprojektion
- Weltkoordinatenskalierung

Die Teilschritte sind in Kapitel 2 beschrieben.
Zur Reduktion der zu verarbeitenden Bilddaten mithilfe des ROIs $(u_{\mathrm{ROI}}\ v_{\mathrm{ROI}})^{\mathrm{t}}$ erfolgt, wie in Gleichung 5.2 dargestellt, eine Erweiterung des Modells, um das zu verarbeitende Bild auf den relevanten Detektionsbereich zu reduzieren.

$$\begin{pmatrix} x_{\mathrm{s}} \\ y_{\mathrm{s}} \end{pmatrix} = \begin{pmatrix} (x_0 + C_{\mathrm{x}} + u_{\mathrm{ROI}})/S_{\mathrm{x}} \\ (y_0 + C_{\mathrm{y}} + v_{\mathrm{ROI}})/S_{\mathrm{y}} \end{pmatrix} \tag{5.2}$$

Das Sensormodell wird zur Realisierung eines lasertriangulatorischen Systems, wie in Kapitel 2 beschrieben, durch weitere Parameter des Laserebenenmodells ergänzt:

- Distanz der Ebene
- Normalenvektor

Für die Messung wird angenommen, dass es einen Schnittpunkt der Laserebene und des Sehstrahls gibt, der mit der Annahme einer Distanz von 1 zwischen Kamerakoordinatensystem und Bildebene über Gleichung 5.3 mit dem Skalierungsfaktors τ beschrieben werden kann.

$$d_{\mathrm{L}} = \tau \mathbf{n}_{\mathrm{L}}^{\mathrm{t}} \mathbf{x}_{\mathrm{c}} \tag{5.3}$$

Anschließend lässt sich über die Gleichung 5.4 der Schnittpunkt im Sensorkoordinatensystem bestimmen.

$$\mathbf{x}_{\mathrm{S}} = \mathbf{x}_{\mathrm{c}}\tau = \mathbf{x}_{\mathrm{c}} d_{\mathrm{L}} / (\mathbf{n}_{\mathrm{L}}^{\mathrm{t}} \mathbf{x}_{\mathrm{c}}); \tag{5.4}$$

Auf Basis des implementierten, einzelnen Sensormodells kann das mathematische Modell zur richtungsunabhängigen Geometriesensorik erweitert werden, wodurch ein vierteiliges, verknüpftes Multi-Laser-Kameramodell entsteht. Dafür müssen die einzelnen Messvektoren $\mathbf{x}_{\mathrm{n,m,l}}^{\mathrm{S}}$ in ein gemeinsames Koordinatensystem $\mathrm{K_S}$ transformiert werden. Im Folgenden wird diese Transformation Kerntransformation genannt. In Anlehnung an die gängigen Hand-Auge-Beziehungen wird diese Kerntransformation (Gleichung 5.5) zunächst über die homogene Transformation $\mathbf{T}_{\mathrm{K_l}}^{\mathrm{S}} \in \mathbb{R}^4$ vom Teil-Sensorelement l zum Roboterflansch beschrieben. Dabei beschreibt n den Messpunkt und m die Messung.

$$\mathbf{x}_{n,m,l}^{\mathrm{K}} = \mathbf{T}_{\mathrm{K_l}}^{\mathrm{S}}(\mathbf{p}_{\mathrm{v}})\, \mathbf{x}_{n,m,l}^{\mathrm{S}} \tag{5.5}$$

Zur Sicherstellung der Integrität der homogenen Transformationsmatrix hinsichtlich Orthogonalität der Drehmatrix und zur Reduktion der zu identifizierenden Parameter bei der Hand-Auge-Kalibrierung wird in Anlehnung an [76] die Transformation als Pose $\mathbf{p}_{\mathrm{v}}$ beschrieben. Durch die vier Teilelemente des Sensorsystems ergeben sich

Tabelle 5.1: Modellparameter des implementierten Multi-Laser-Sensormodells

Parameter	Variable	Dimension
Hauptpunktverschiebung	C_x, C_y	Pixel
Detektionsbereich	u_{ROI}, v_{ROI}	Pixel
Skalierung	S_x, S_y	$\frac{\text{Pixel}}{\text{m}}$
Kippwinkelkoeffizienten	α_u , α_v	Rad
Radiale Linsenkoeffizienten	k_1 , k_2	$\frac{1}{m^2}, \frac{1}{m^4}$
Bildweite	b	m
Normalenvektor der Laserebene	$\mathbf{n}_L$	-
Distanz der Laserebene	d_{d_L}	m
Kerntransformation Element 1	$\mathbf{p}_v^1$	-
Kerntransformation Element 2	$\mathbf{p}_v^2$	-
Kerntransformation Element 3	$\mathbf{p}_v^3$	-
Kerntransformation Element 4	$\mathbf{p}_v^4$	-

damit jeweils 6 weitere Parameter pro Teilelement, um das Multi-Laser-Sensorsystem zu beschreiben.

Das implementierte mathematische, geometrische Sensormodell für die richtungsunabhängige Geometriesensorik wird durch die in Tabelle 5.1 zusammengefassten Parameter beschrieben.

5.2.1.2 Kinematische Messtransformation

Für die geometrische Qualitätssicherung ist, wie in Kapitel 4 beschrieben, eine Punktewolke in einem ortsfesten Koordinatensystem notwendig. Dabei ist das Sensorsystem fest mit der Roboterkinematik verbunden. Zur Erfassung der Punktewolken müssen die einzelnen Messlinien einer Scanbewegung in dieses ortsfeste Koordinatensystem transformiert werden. Durch die Kombination des Sensorsystems mit der Roboterkinematik und unter der Annahme, dass die Kerntransformationen aus dem vorherigen Abschnitt den Roboterflansch als gemeinsames Koordinatensystem nutzen, ergibt sich die Gleichung 5.6.

$$\mathbf{x}_{n,m}^{A} = \mathbf{T}_{A_m}^{F} \mathbf{x}_{n,m}^{F} \tag{5.6}$$

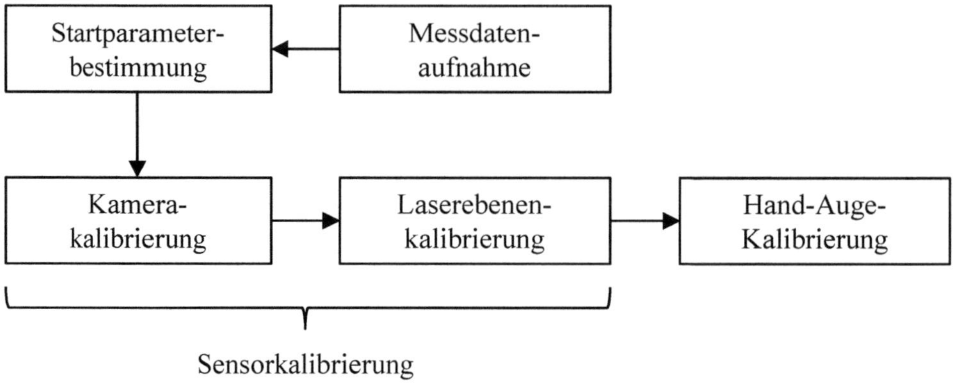

Abb. 5.9: Ablauf der stufenweisen Systemkalibrierung

Die Bewegung wird in Einzelposen $\mathbf{p_a}_j$ des Robotersystems erfasst und lässt sich mit der korrespondierenden homogenen Matrix $\mathbf{T}_{\mathrm{A}}^{\mathrm{F}}$ zur Transformation der Sensordaten nutzen.

5.2.2 Kalibrierung des Multi-Sensor-Modells

Wie in Abschnitt 5.2 beschrieben, wird das Sensorsystem durch ein vierteiliges, verknüpftes Multi-Laser-Kameramodell modelliert. Um eine Messung mithilfe des Vorwärts-Sensormodells zu ermöglichen, sind die einzelnen Parameter des Modells zu bestimmen. Aufgrund von fertigungsspezifischen geometrischen Abweichungen zwischen der idealen Konstruktion und dem gefertigten Sensorsystem, ist eine Kalibrierung auf Basis empirischer Messdaten notwendig.
Im Folgenden wird die Kalibrierung des Systemmodells zunächst mit Methoden nach dem Stand der Technik umgesetzt und die Herausforderungen dieser Vorgehensweise untersucht und aufgezeigt. Auf Basis dieser Ergebnisse wird anschließend eine erweiterte Kalibrierungsstrategie abgeleitet und implementiert.
Für die Untersuchung der Umsetzbarkeit der Kalibrierung mithilfe in der Literatur bekannter Strategien wird das Modell in zwei Stufen unterteilt. Dadurch wird eine separate Kalibrierung der Einzelelemente möglich und lineare Abhängigkeiten, die bei der durchgeführten Minimierung zu nicht physikalischen Parameterwerten führen, werden fixiert. Zusätzlich wird in diesem Ansatz zunächst jedes Sensorelement als einzelne Sensoreinheit betrachtet und die Punktewolken im selben Raum erzeugt. Abbildung 5.9 zeigt den Ablauf des Kalibrierungsvorgangs.

Sensorkalibrierung

Die Sensor-Kalibrierung der Teil-Sensorelemente wird in Anlehnung an den in [73] beschriebenen, schachbrettorientierten Kalibrierungsansatz entwickelt. Dazu werden zunächst die Kameraparameter des Systems mithilfe der Methode nach [71] bestimmt. Dabei werden Bilder eines Schachbretts mit unterschiedlichen Posen innerhalb des definierten Messbereichs aufgezeichnet. Die Aufnahme der Bilder erfolgt mit dem vollständig montierten System und in voller Auflösung. Dabei befinden sich alle optischen Elemente im Strahlengang, um eine Berücksichtigung jeglicher optischer Verzeichnung und eine Übertragbarkeit in den Messzustand zu gewährleisten. Die schachbrettbasierte Kalibrierung identifiziert die intrinsischen und verzeichnungsspezifischen Parameter (Tabelle 5.1) des geometrischen Sensormodells mithilfe der Minimierung des Residuums des Rückprojektionsfehlers zwischen einem projizierten und einem detektierten Punkt. Die Güte der Kalibrierung hängt stark von der Qualität beziehungsweise Genauigkeit des verwendeten Schachbretts ab. Eine Untersuchung unterschiedlicher Schachbrettherstellungsarten (Laserdrucker, Lasermarkierer, Chrombeschichtung) zeigte Unterschiede mit einem mittleren Rückprojektionsfehler zwischen 0,4 Pixel und 0,04 Pixel. Das chrombeschichtete Schachbrett zeigte den geringsten mittleren Rückprojektionsfehler.

Die detektierten Posen der Schachbretter im Messbereich sind in Abbildung 5.10 dargestellt.

Ergänzend zu den grundlegenden Schachbrettaufnahmen für die Kamerakalibrierung werden Bilder mit auf dem Schachbrett projizierter Laserlinie aufgenommen. Durch die Bestimmung der Schachbrettpose mithilfe der kalibrierten Kamera ergibt sich die Ebene, auf die die Laserlinie projiziert wird. Auf Basis dessen und der Vorwärtstransformation durch das geometrische Sensormodell können die Punkte der Laserlinie auf dem Schachbrett bestimmt werden.

Die Parameter der Laserebene, die wie in Kapitel 2 dargestellt auf Basis der Hessischen Normalenform beschrieben wird, werden anschließend mithilfe eines Resampling-Algorithmus (RANSAC) bestimmt. Zur diskreten Detektion der Laserlinie im Kamerabild kommt der Schwerpunktsalgorithmus (COG) orthogonal zur Laserlinie zum Einsatz. Durch die Projektion der Laserlinie auf das Schachbrett kann über die Schachbrettgeometrie die Projektionsebene bestimmt werden. Pro Iteration des RANSAC-Algorithmus werden drei der detektierten Laserlinienpunkte zufällig ausgewählt und der Normalenvektor einer Ebene mithilfe des Kreuzprodukts berechnet. Diese Ebene wird anschließend gegen die anderen Punkte evaluiert und beim Unterschreiten eines Fehlerschwellwerts bestätigt oder erneut mit anderen Punkten berechnet.

Nach Durchführung der beschriebenen Kalibrierungsschritte (Kamerakalibrierung und Laserebenenkalibrierung) an allen Teil-Sensorelementen ist eine getrennte Messung in Teil-Sensorkoordinaten möglich. Um eine gemeinsame Messung mit allen

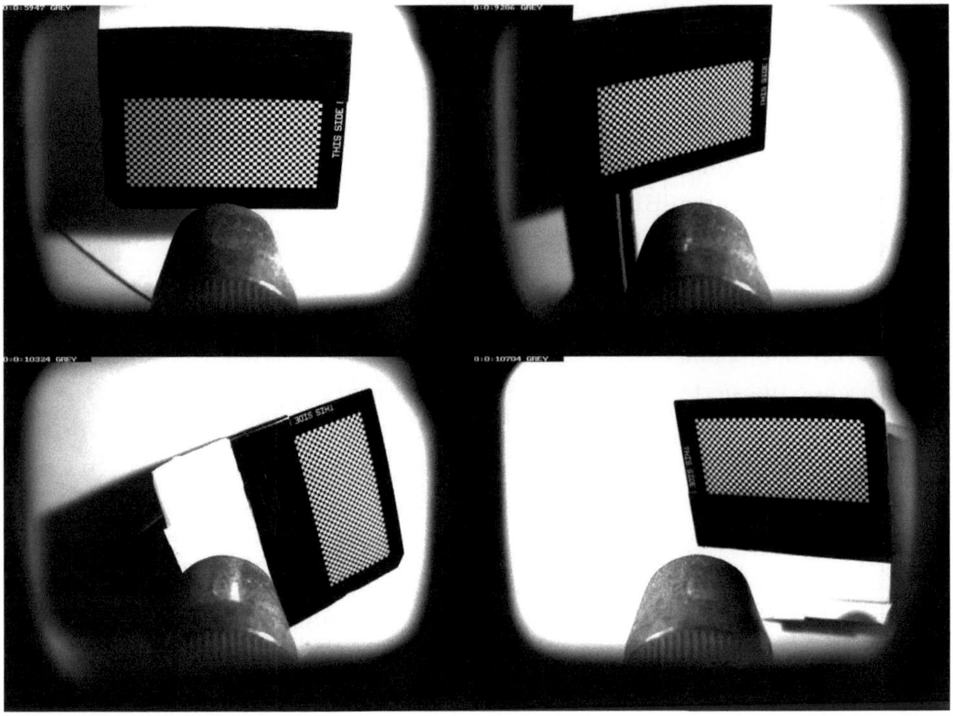

Abb. 5.10: Schachbretter mit unterschiedlichen Posen im Messbereich des Sensorsystems

Sensoreinzelelementen und die Erzeugung einer Punktewolke im $\mathbb{R}^3$ zu ermöglichen, ist, wie im Modell beschrieben, die Transformation der Einzelmessungen in ein gemeinsames Koordinatensystem notwendig. Da auch diese Transformation nur fehlerbehaftet bekannt ist, muss die Transformation zwischen Sensor und Roboterflansch kalibriert werden.

Hand-Auge-Kalibrierung

Für die geometrische Qualitätssicherung ist eine analysierbare Punktewolke notwendig. Dafür beinhaltet das Modell des Messsystems eine Transformation der Einzelvektoren in ein ortsfestes Koordinatensystem mithilfe der sich im Raum bewegenden Roboterkinematik. Die Kalibrierung dieser geometrischen Beziehung zwischen Sensor und Roboter wird, wie in Kapitel 2 beschrieben, Hand-Auge-Kalibrierung genannt. Aufgrund der hohen Fehleranfälligkeit durch die positionsabhängigen Normalenvektoren bei den im Stand der Technik beschriebenen Kugelschnittmethoden und die dadurch entstehenden Ungenauigkeiten bei der Hand-Auge-Kalibrierung wird der in [129] vorveröffentlichte, kugelbasierte Ansatz verfolgt.

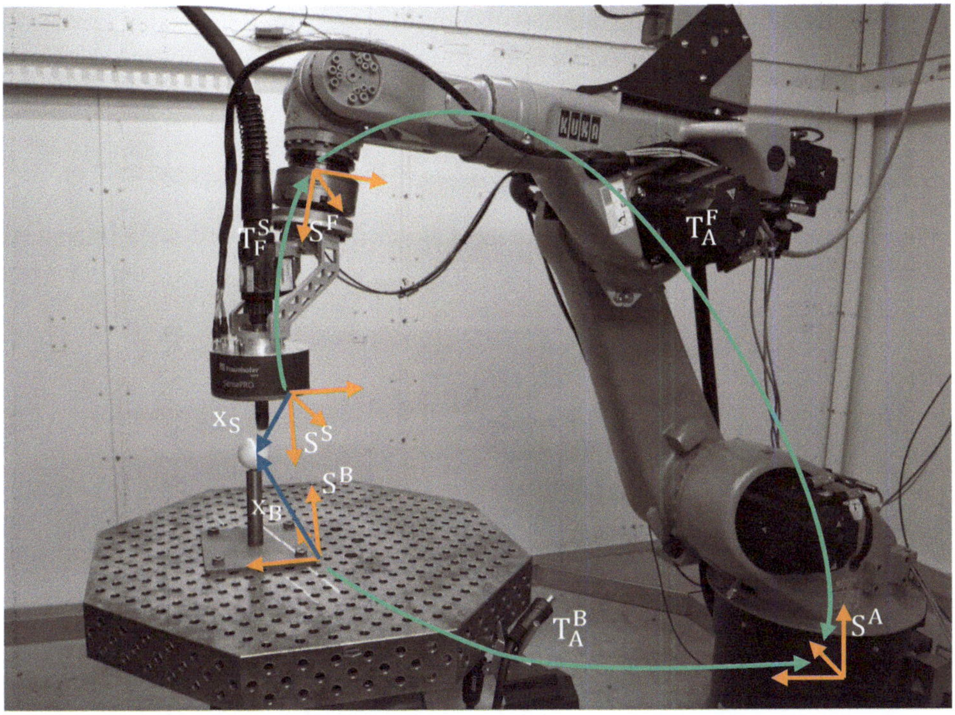

Abb. 5.11: Transformationsbeziehungen für die Hand-Auge-Kalibrierung (vorveröffentlicht in [129])

Dabei erfolgt die Bestimmung der Transformationsmatrix $\mathbf{T}_{\mathrm{F}}^{\mathrm{S}}$ (siehe Abbildung 5.11) auf Basis der zugrunde liegenden Pose des Sensorkoordinatensystems im Flanschkoordinatensystem des Roboters. Als Referenzkörper mit bekannten Dimensionen dient eine Kalibrierkugel aus Aluminiumoxid mit einem Rundheitsfehler < 0,341 μm.
Die Verwendung der Pose ermöglicht bei der Minimierung die Berücksichtigung grundlegender mathematischer Eigenschaften wie der Orthogonalität der Drehmatrix und die Mehrdeutigkeiten der Orientierung hinsichtlich der Periodizität von $\pm 2\pi$ [76]. Des Weiteren kann dadurch die Anzahl der Minimierungsparameter reduziert werden. Die Bestimmung des Vektors $\mathbf{x}_{\mathrm{B}}$ zwischen dem Referenzkörperkoordinatensystem und dem Mittelpunkt der Referenzkugel erfolgt vor der Datenaufnahme mithilfe einer Koordinatenmessmaschine. Die Transformation $\mathbf{T}_{\mathrm{F}}^{\mathrm{S}}$ sowie die Transformation $\mathbf{T}_{\mathrm{A}}^{\mathrm{B}}$ zwischen Referenzkörper und Roboterbasis-Koordinatensystem werden über CAD-Konstruktionsdaten bestimmt. Aufgrund von Fertigungstoleranzen sind diese somit nur fehlerbehaftet bekannt.
Die zwölf Parameter der beiden zugrundeliegenden Posen $\mathbf{p}_{\mathrm{c}} = (\mathbf{p}_{\mathrm{F}}^{\mathrm{S}^{t}}\ \mathbf{p}_{\mathrm{A}}^{\mathrm{B}^{t}})^{t}$ sind folglich bei der Minimierung zu identifizieren. Mit den sensorbezogenen Messdatenvektoren $\mathbf{x}_{\mathrm{S}_{\mathrm{n,m}}}$ und der korrespondierenden homogenen Transformation $\mathbf{T}_{\mathrm{A}_{\mathrm{m}}}^{\mathrm{F}}$ zwischen Roboterbasis und Flanschkoordinatensystem, die durch die Robotersteuerung als

Pose bereitgestellt wird, kann der Messdatenvektor $\mathbf{x}_{B_{n,m}}$ im Referenzkörperkoordinatensystem nach Gleichung 5.7 berechnet werden.

$$\mathbf{x}_{B_{n,m}} = \mathbf{T}^{-1}(\mathbf{p}_A^B)\mathbf{T}_{A_m}^F\mathbf{T}(\mathbf{p}_F^S)x_{S_{n,m}} \tag{5.7}$$

Auf Basis der allgemeinen Kugelgleichung (Gleichung 5.8) wird der Mittelpunkt einer Kugelpunktewolke im Referenzkörperkoordinatensystem mittels der Methode der kleinsten Quadrate bestimmt.

$$\mathrm{Min}_{x_B}\left\{\|\left(x_{B_{n,m}} - x_{K_0}\right)^2 + \left(y_{B_{n,m}} - y_{K_0}\right)^2 + \left(z_{B_{n,m}} - z_{K_0}\right)^2 - r^2\|^2\right\} \rightarrow x_0 \tag{5.8}$$

Mit $\mathbf{x}_p$ als Referenzvektor an der Referenzkugel ergibt sich das Minimierungsproblem aus Gleichung 5.9

$$\begin{aligned} &\mathrm{Min}_{\mathbf{p}_c}\left\{\mathbf{r}(\mathbf{p}_c)^t\mathbf{r}(\mathbf{p}_c)\right\} \rightarrow \mathbf{p}_c \\ \text{mit} \quad &\mathbf{r}(\mathbf{p}) =^B \mathbf{x}_B(\mathbf{p}_c) -^B \mathbf{x}_p \quad \text{und} \quad {}^B\mathbf{x}_p = (x_{p_1}, x_{p_2}, \ldots, x_{p_m})^t \end{aligned} \tag{5.9}$$

Das Residuum erzeugt drei Gleichungen mit 12 zu optimierenden Parametern. Zur Lösung dieser Gleichungen sind somit mindestens 4 Messungen notwendig. Für die Einschränkung des Konfidenzintervalls wird aber, wie in Kapitel 2 beschrieben, eine überbestimmte Kalibrierung genutzt. Als Minimierungsalgorithmus kommt ein auf den Anwendungsfall entwickelter Gauß-Newton-Algorithmus zum Einsatz.

Bewertung der Methode

Nachteil dieses schrittweisen Vorgehens ist das Aufsummieren von Fehlern entlang der Kalibrierung. Bei der Schachbrettkalibrierung zeigen sich durch die homographische Projektion für jeden Messpunkt im Messbereich, aufgrund von Messunsicherheiten bei der Kreuzungspunktbestimmung, Fehler in den Objektpunkten. Diese werden maßgeblich durch die abstandsbedingte Defokussierung im Messbereich bedingt. Zudem ist die Verwendung der schachbrettbasierten Kalibrierungsmethode abhängig von den äußeren Kalibrierungsbedingungen. Ein wichtiger Faktor ist die Qualität des Schachbretts. Diese ist abhängig von der Herstellung. Insbesondere auf Papier gedruckte Schachbretter führen zu höheren Rückprojektionsfehlern. Die Kalibrierung der Laserebene auf Basis reprojizierter Schachbrettbilder birgt außerdem Unsicherheiten hinsichtlich der Identifikation der Laserlinienmittelpunkte. Vorversuche und die Arbeit von Walch und Eitzinger [130] zeigen unterschiedliche Reflexion der Laserlinie auf den unterschiedlichen Hell-Dunkelflächen, die bei einer

Schwellwertberechnung zu einer Verschiebung des Maximums führen. Weitere Unsicherheiten in der Identifikation entstehen durch die Kalibrierung mit dem verbauten Bandpassfilter. Durch den schmalbandigen Bandpassfilter mit zehn Nanometer Halbwertsbreite ist die Verwendung einer externen Schachbrettbeleuchtung notwendig. Dennoch trifft dabei nur wenig Beleuchtungslicht trotz hohen Belichtungszeiten auf die Sensormatrix. Die dadurch entstehende inhomogene Beleuchtung erschwert die Posemessung des Schachbretts und führt zu Messunsicherheit bei der Sensorkalibrierung.

Das Ergebnis der Hand-Auge-Kalibrierung hängt somit maßgeblich von der verwendeten Referenzkugel ab. Einflüsse auf das Ergebnis haben sowohl deren Oberflächeneigenschaften, aber auch die Rundheit und die Kenntnis über den genauen Durchmesser der Kugel. Aufgrund hochgenauer Fertigungsmethoden bei der Herstellung solcher Referenzkugeln und der verwendeten taktilen Vermessung, ist der dadurch entstehende Fehler gering. Des Weiteren spielt das Verhältnis zwischen Linienlänge im Messabstand zum Durchmesser der Kugel eine Rolle. Ist die Kugel zu groß, ist ein Kugelfitting während des Kalibriervorgangs aufgrund von Streuung nur bedingt aussagekräftig, ist die Kugel zu klein, werden nur wenige Messinformationen in das Kugelfitting einbezogen. Versuche mit unterschiedlichen Kugeln haben für das System mit einer Laserlinienlänge von 50 Millimetern im Arbeitsabstand eine Kugel mit 30 Millimeter Durchmesser als geeignet identifiziert.

Die Ergebnisse der Signifikanzanalyse des in Gleichung 5.9 beschriebenen Residuums sind in Tabelle 5.2 dargestellt. Die Posen werden nach Roll-Pitch-Yaw durch die Translationen $\mathrm{t}_{\mathrm{x,y,z}}$ und die Drehungen $\theta_{\mathrm{x,y,z}}$ beschrieben [52]. Daraus geht hervor, dass insbesondere die Translationsparameter einen signifikanten Einfluss auf die Messunsicherheit des Systems haben. Des Weiteren zeigen sich lineare Abhängigkeiten bei den Parametern $\mathbf{p}_{\mathrm{A}}^{\mathrm{B}}[\theta_{\mathrm{y}}]$, $\mathbf{p}_{\mathrm{A}}^{\mathrm{B}}[\mathrm{t}_{\mathrm{x}}]$ und $\mathbf{p}_{\mathrm{A}}^{\mathrm{B}}[\mathrm{t}_{\mathrm{z}}]$. Das verwendete Minimierungsmodell mit dem Mittelpunktsabstand ist somit nur im Rahmen einer hierarchischen Kalibrierung nach [52] anwendbar, da die linear abhängigen Parameter nicht bestimmt werden können und zu unphysikalischen Werten führen würden. Wird das Modell um weitere Parameter des Sensormodells, ähnlich wie in [54], für eine gemeinsame, kugelbasierte Kalibrierung zur Reduktion der Kalibrierungsschritte erweitert, zum Beispiel die Hauptachsenverschiebung, entstehen zusätzliche lineare Abhängigkeiten.

Für die Kalibrierung jedes Teilelements erfolgt die separate Datenaufnahme und Minimierung anhand des Roboter-Referenzmesssystems. Da die Roboterkinematik den größten Fehler in die Messkette nach Gleichung 5.10 und damit auch in die beschriebene Hand-Auge-Kalibrierung einbringt, zeigen sich diese Messunsicherheiten beim Zusammenführen der Punktewolken.

$$\sigma^2_{\mathrm{Messkette}} < \sigma^2_{\mathrm{Roboterpose}} + \sigma^2_{\mathrm{Hand-Auge}} + \sigma^2_{\mathrm{Sensor}} \tag{5.10}$$

Tabelle 5.2: Signifikanzanalyse für die Residuumsgleichung 5.9

Parameter	SVD-Term
Identifizierbare Parameter	
$\mathbf{p}_\mathrm{F}^\mathrm{S}[\theta_\mathrm{x}]$	7,64766
$\mathbf{p}_\mathrm{A}^\mathrm{B}[\theta_\mathrm{z}]$	6,64425
$\mathbf{p}_\mathrm{A}^\mathrm{B}[\theta_\mathrm{x}]$	3,23374
$\mathbf{p}_\mathrm{F}^\mathrm{S}[\theta_\mathrm{z}]$	2,85937
$\mathbf{p}_\mathrm{A}^\mathrm{B}[\mathrm{t_y}]$	1,99584
$\mathbf{p}_\mathrm{F}^\mathrm{S}[\theta_\mathrm{y}]$	0,255494
$\mathbf{p}_\mathrm{F}^\mathrm{S}[\mathrm{t_x}]$	0,113132
$\mathbf{p}_\mathrm{F}^\mathrm{S}[\mathrm{t_z}]$	0,0747379
$\mathbf{p}_\mathrm{F}^\mathrm{S}[\mathrm{t_y}]$	0,0652963
Nicht identifizierbare Parameter	
$\mathbf{p}_\mathrm{A}^\mathrm{B}[\theta_\mathrm{y}]$	5,57684e-16
$\mathbf{p}_\mathrm{A}^\mathrm{B}[\mathrm{t_x}]$	4,23644e-16
$\mathbf{p}_\mathrm{A}^\mathrm{B}[\mathrm{t_z}]$	4,18111e-16

Bei dieser Worst-Case-Abschätzung geht die Messunsicherheit des Roboters fünfmal in die Punktewolke ein (Hand-Auge: viermal; Messung: einmal). Aufgrund der notwendigen Kalibrierung $\mathbf{T}_\mathrm{A}^\mathrm{B}$ ist eine gute Überlappung der Einzelpunktewolken nur bei hoher Robotergenauigkeit möglich. Des Weiteren spielen die Startparameter eine wichtige Rolle bei der Konvergenz in Richtung eines globalen Minimums. Durch die Kombination aus Messunsicherheiten des Robotersystems und schlechten Startparametern des Parametervektors $\mathbf{p}_\mathrm{c} = (\mathbf{p}_\mathrm{F}^{\mathrm{S}^t}\ \mathbf{p}_\mathrm{A}^{\mathrm{B}^t})^t$ ist eine Konvergenz des Gauß-Newton-Algorithmus eingeschränkt.

Im Hinblick auf die industrielle Anwendung bedingt das beschriebene Vorgehen eine Werkskalibrierung der Sensorparameter und eine nachgelagerte Vorort-Kalibrierung der Hand-Auge-Transformation $\mathbf{p}_\mathrm{F}^\mathrm{S}$. Aufgrund der rauen Umgebungsbedingungen im Auftragschweißprozess ist aber eine regelmäßige Re-Kalibrierung des gesamten Systems empfehlenswert, um stets geringe Messunsicherheiten in den Messdaten zu gewährleisten.

Aufgrund der beschriebenen Hindernisse des vorstehenden Ansatzes wird im Folgenden ein erweiterter Kugelansatz für die direkte Kalibrierung der Messkettenparameter entwickelt.

5.2.3 Erweiterte Direktkalibrierung des Multi-Sensor-Modells

Aufbauend auf dem entwickelten Residuum für die Hand-Auge-Kalibrierung (Gleichung 5.9) wird im Folgenden eine direkte Kalibrierungsmethode entwickelt, um die dargestellten Hindernisse zu umgehen. Ziel dieser Direktkalibrierungsmethode ist eine Reduktion der Referenz- und Robotereinflüsse auf die Sensorkalibrierungsergebnisse. Die Kalibrierung erfolgt ebenfalls auf Basis einer Referenzkugel. Als Referenzmessgerät kommt jedoch ein Lasertracker zum Einsatz. Die Substitution des im vorherigen Abschnitt verwendeten Roboters durch den Lasertracker soll die Genauigkeit der Kalibrierung steigern und eine direkte Kalibrierung mehrerer Parameter realisieren. Abbildung 5.12 zeigt die geometrischen Zusammenhänge des lasertrackerbasierten Kalibrierungsmodells. Für die Referenzmessung durch den Lasertracker ist ein Messframe - bestehend aus drei Tripelspiegeln - in den Messkreis integriert. Die Tripelspiegel bilden durch ihre reflektorischen Eigenschaften die Referenzmesspunkte für die Laser-Tracker-Messung. Mithilfe der drei Messpunkte kann die Pose eines bewegten Messframes im Referenzkoordinatensystem bestimmt werden [131].
Die Basis der Referenzkugel ist ebenfalls mit drei Tripelspiegeln ausgestattet, um eine Posebestimmung im Lasertracker-Koordinatensystem zu ermöglichen.
Zunächst werden die Startparameter für die Minimierung bestimmt. Im Anschluss folgt die Kalibrierung der Sensorparameter in Bezug auf ein gemeinsames, bewegtes Koordinatensystem. Abschließend wird im selben System die Hand-Auge-Kalibrierung durchgeführt. Der Ablauf der erweiterten Direktkalibrierung ist in Abbildung 5.13 dargestellt.

5.2.3.1 Bestimmung der Startparameter

Zur Bestimmung der Startparameter des Sensormodells kann die im vorherigen Abschnitt beschriebene Schachbrettmethode verwendet werden. Aufgrund der beschriebenen Hindernisse ist aber eine zusätzliche Kalibrierung notwendig. Die Startparameter für die Laserebene ($d_{\mathrm{L}}, \mathbf{n}_{\mathrm{L}}$) und die Pose zwischen Einzelsensor und Messframe $\mathbf{T}^{\mathrm{S}}_{\mathrm{M_m}}$ werden zunächst über die geometrischen Beziehungen bestimmt. Dazu können CAD-Daten oder gemessene geometrische Beziehungen genutzt werden. Die grobe Identifikation der Laserebenenparameter über das beschriebene Ebenenfitting mithilfe der Schachbrettmethode wäre ebenfalls möglich. Ergänzend wird der Vektor ${}^{\mathrm{B}}\mathbf{x}_{\mathrm{p}}$ bezogen auf die auf dem Referenzobjekt befestigten Tripelspiegeln mit der Koordinatenmessmaschine bestimmt. Die Transformation $\mathbf{T}^{\mathrm{M}}_{\mathrm{F}}$ zwischen dem Messframe und dem Roboterflansch kann ebenfalls mittels CAD-Daten grob bestimmt werden. Um die Qualität der Startparameter für die Minimierung zu erhöhen, kommt

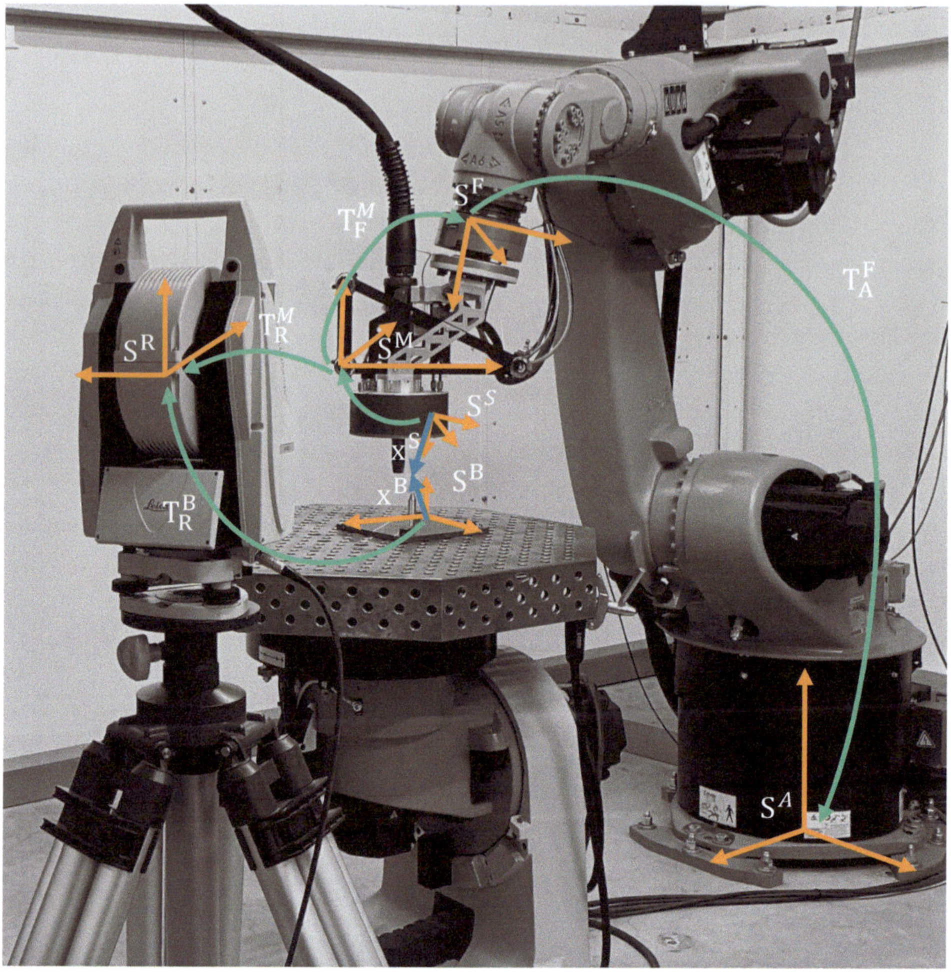

Abb. 5.12: Messkreis mit Lasertracker, Roboter und Messframe

aber die Transformationsidentifikation nach [132] auf Basis von drei orthogonalen Drehungen des Robotersystems zum Einsatz.

5.2.3.2 Signifikanzanalyse

Im vorherigen Abschnitt wird anhand der Signifikanzanalyse die Existenz linearer Abhängigkeiten zwischen den zu identifizierenden Parametern gezeigt. Um eine Direktkalibrierung der Systemparameter zu realisieren, ist somit eine andere Residuumsfunktion notwendig. Aus der allgemeinen Kugelgleichung 5.11 für die Referenzkugel wird ersichtlich, dass eine Kugel durch die Position ihres Mittelpunktes und ihres Radius beschrieben werden kann.

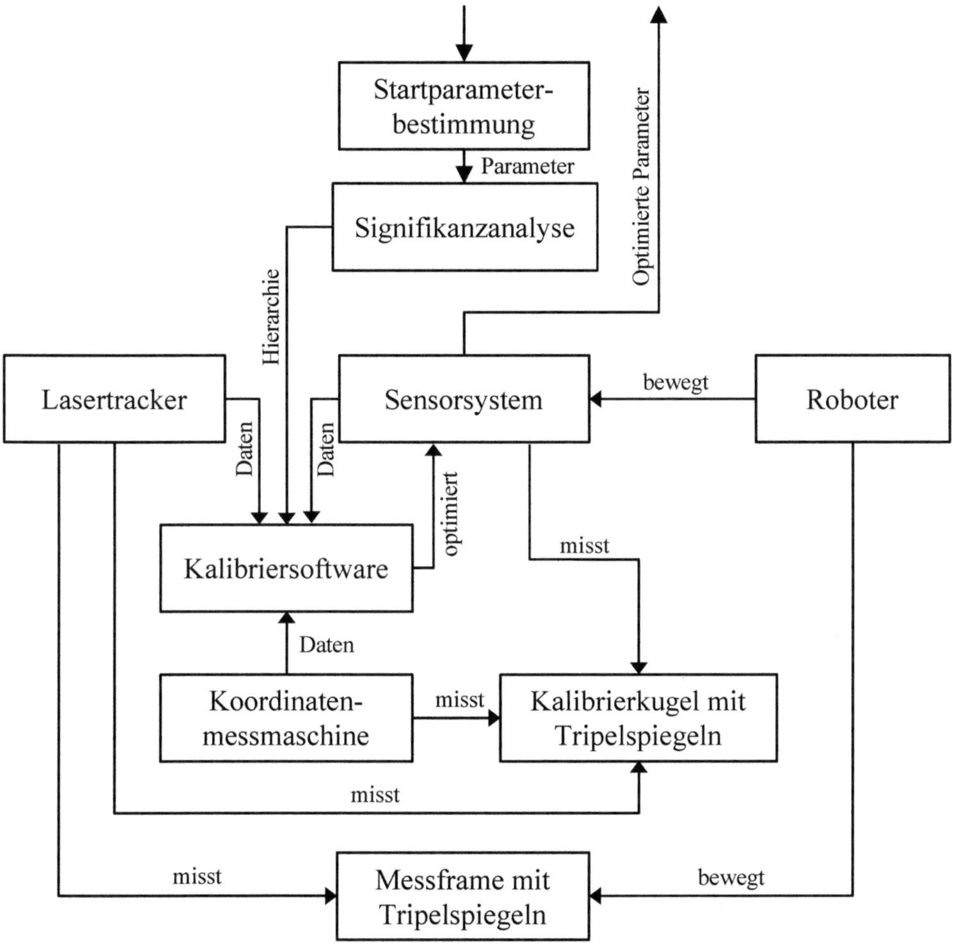

Abb. 5.13: Ablauf der erweiterten Kalibrierung des Multi-Sensor-Modells

$$\left(x - x_{K_0}\right)^2 + \left(y - y_{K_0}\right)^2 + \left(z - z_{K_0}\right)^2 = r^2 \tag{5.11}$$

Da der Soll-Radius der Kugel hochgenau bekannt ist, wird eine weitere Minimierungsfunktion durch Gleichung 5.12 aufgestellt.

$$\begin{gathered} \mathrm{Min}_{\mathbf{p}_c} \left\{\mathbf{r}(\mathbf{p}_c)^t \mathbf{r}(\mathbf{p}_c)\right\} \rightarrow \mathbf{p}_c \\ \text{mit} \quad \mathbf{r}(\mathbf{p}_c) = ({}^B\mathbf{x}_{B_{m,n}}(\mathbf{p}_c) - {}^B\mathbf{x}_p) - r \quad \text{und} \quad {}^B\mathbf{x}_p = (x_{p_1}, x_{p_2}, \ldots, x_{p_m})^t \end{gathered} \tag{5.12}$$

Tabelle 5.3: Signifikanzanalyse für die Residuumsgleichung 5.12

Parameter	SVD-Term
Identifizierbare Parameter	
$\mathbf{n}_{L_z}$	11264,3
$\mathbf{n}_{L_y}$	404,396
$\mathbf{n}_{L_x}$	304,821
$\mathbf{p}_A^B[\theta_z]$	164,497
$\mathbf{p}_F^S[\theta_x]$	124,696
d_L	105,693
$\mathbf{p}_F^S[\theta_z]$	56,9824
$\mathbf{p}_A^B[\theta_x]$	45,4356
$\mathbf{p}_A^B[t_y]$	35,1342
$\mathbf{p}_A^B[\theta_y]$	14,9876
$\mathbf{p}_F^S[\theta_y]$	13,5517
$\mathbf{p}_F^S[t_z]$	11,634
$\mathbf{p}_F^S[t_x]$	9,66035
$\mathbf{p}_A^B[t_x]$	6,90468
$\mathbf{p}_F^S[t_y]$	5,66247
$\mathbf{p}_A^B[t_z]$	5,33518
Nicht identifizierbare Parameter	
-	-

Die Signifikanzanalyse in Tabelle 5.3 dieser Residuumsfunktion zeigt keine linearen Abhängigkeiten der zu identifizierenden Parameter. Daher können weitere Parameter in die Kalibrierung integriert werden.

5.2.3.3 Kalibrierung der Sensorparameter

Zur Erhöhung der Punktewolkenqualität und -integrität wird eine Zentralkalibrierung der Sensorparameter in Verbindung mit der Kerntransformation zu einem gemeinsamen bewegtem Koordinatensystem am Sensor durchgeführt. Die Kalibrierung erfolgt dabei separat für jedes Teilelement mit einem hochgenauen Lasertracker-

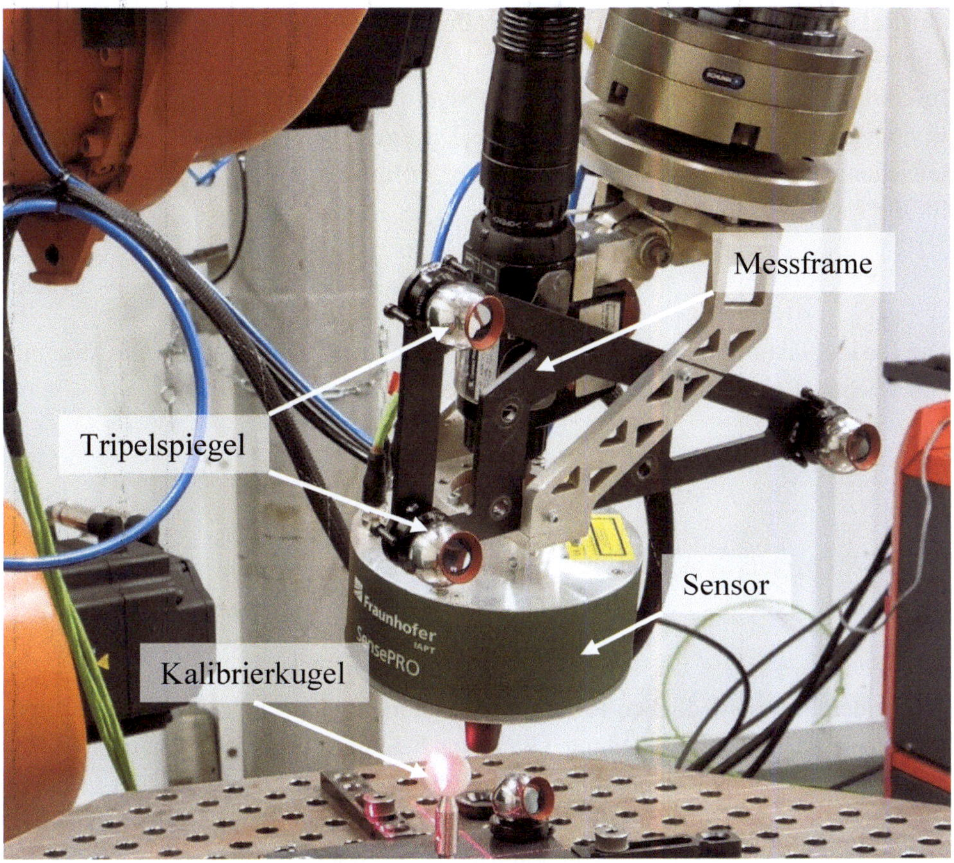

Abb. 5.14: Messframe für die erweiterte Kugelkalibrierung

System als Referenzmesssystem. Die Zentralkalibrierung mit einem hochgenauen Referenzmesssystem soll im Vergleich zur im vorherigen Abschnitt untersuchten stufenweisen Kalibrierung eine optimale Überlappung der Einzelpunktewolken bei optimalen Kamera- und Sensorparametern ermöglichen. Die Roboterkinematik, an dem das Sensorsystem befestigt ist, dient ausschließlich als Bewegungskinematik und geht nicht in dieses Modell ein. Abbildung 5.12 zeigt die geometrischen Beziehungen. Dazu wird ein Messframe mit drei Tripelspiegeln am Flansch befestigt. Dieser Messframe dient als gemeinsames bewegtes Koordinatensystem für die Zentralkalibrierung aller Teilelemente. Der Messframeaufbau mit den Tripelspiegeln für die Definition des Koordinatensystems ist in Abbildung 5.14 dargestellt.
Die Referenzmessung erfolgt statisch. Dies bietet den Vorteil eines ruhenden und ausgeschwungenen Systems, wodurch eine hohe Genauigkeit der Korrespondenz zwischen Sensordaten und Referenzdaten gewährleistet wird. Die Verwendung eines Lasertrackers und des Messframes ermöglicht in der Praxis eine direkte Vor-

Ort-Rekalibrierung und die Weiterverwendung des Setups für die Kalibrierung des Robotersystems.
Im vorherigen Abschnitt wird durch die Signifikanzanalyse gezeigt, dass die Verwendung der Residuumsfunktion für die Differenz der Kugelmittelpunkte (siehe Gleichung 5.13) aufgrund ihrer Anfälligkeit auf lineare Abhängigkeiten nur bedingt für die Kalibrierung weiterer Parameter geeignet ist.

$$\mathrm{Min}_{\mathbf{p}_C}\{\left\|{}^{B}\mathbf{x}_{B_{n,m}}(\mathbf{p}_c) - {}^{B}\,\mathbf{x}_p\right\|^2\} \rightarrow \mathbf{p}_c^* \tag{5.13}$$

Die Residuumsfunktion in Gleichung 5.14 minimiert, wie im vorherigen Abschnitt beschrieben, den Radius der Kugeln mithilfe des bekannten Radius r.

$$\mathrm{Min}_{\mathbf{p}_C}\{\left\|({}^{B}\mathbf{x}_{B_{n,m}}(\mathbf{p}_c) - {}^{B}\,\mathbf{x}_p) - \mathrm{r}\right\|^2\} \rightarrow \mathbf{p}_c^* \tag{5.14}$$

mit ${}^{B}\mathbf{x}_{B_{n,m}}(\mathbf{p}_c)$ aus dem Messkreis wie folgt:

$${}^{B}\mathbf{x}_{B_{n,m}}(\mathbf{p}_c) = \mathbf{T}_{R}^{B^{-1}}\mathbf{T}_{R_m}^{M}\mathbf{T}(\mathbf{p}_M^S)x_{S_{n,m}} \tag{5.15}$$

Die beiden unterschiedlichen Residuumsfunktionen unterscheiden sich in der optimierten geometrischen Beziehung. Gleichung 5.13 minimiert den Abstand zwischen dem bekannten Kugelmittelpunkt ${}^{B}\mathbf{x}_p$ und dem gemessenen Mittelpunkt ${}^{B}\mathbf{x}_B$. Die Residuumsfunktion 5.14 minimiert hingegen den Abstand der gemessenen Kugeloberflächen gegenüber dem bekannten Radius der Referenzkugel.
Beim Vergleich der beiden Minimierungsfunktionen mit empirischen Daten zeigt sich, dass die Gleichung 5.13 mit dem verwendeten Gauß-Newton-Algorithmus auch bei schlechteren Startparametern sicher in Richtung eines lokalen Minimums konvergiert. Dagegen beschreiben die gefundenen Minima der Gleichung 5.14 die Kugelform durch einen geringeren Fehler zum Referenzkugelradius von 15,00189 Millimetern, wie in Abbildung 5.15 dargestellt ist.
Für die Kalibrierung der Sensorparameter wird im Folgenden daher die Funktion 5.14 bevorzugt. Da die Identifikation der Startparameter in der Praxis vielen Einflussfaktoren wie der Qualität des virtuellen 3D-Modells oder der präzise Messbarkeit eulerscher Winkel für die Posen unterliegt, hat sich die Voriteration mit der Residuumsfunktion 5.13 als praktikabel erwiesen. Durch die Minimierung mit den identifizierbaren Parametern dieses Models werden einige dieser kritischen Parameter bereits in Richtung der Minima bewegt. Die anschließende Kalibrierung mit der Residuumsfunktion 5.14 konvergiert dann in Richtung eines geeigneten lokalen Minimum.
Die dargestellte Punktewolke beinhaltet 560 Messungen der Referenzkugel. Die vorgelagerte Kalibrierung erfolgt für jedes Teilelement mit jeweils 140 Messungen der Oberfläche.

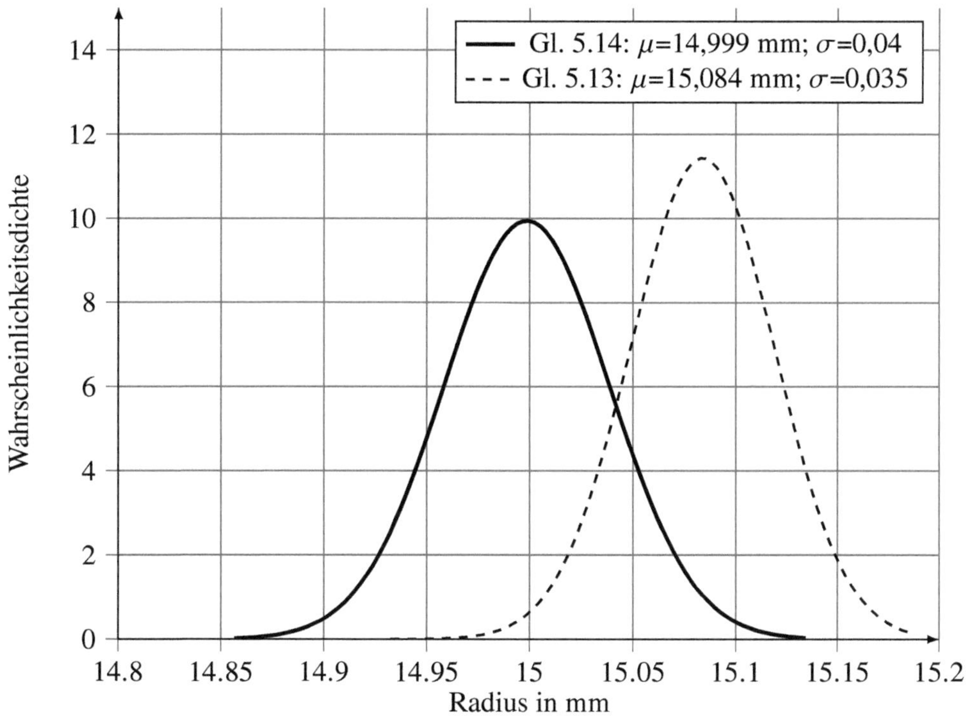

Abb. 5.15: Wahrscheinlichkeitsdichtefunktion des Kugelradius bezogen auf den Referenzmittelpunkt

Die Sensorparameter sind anschließend bestimmt und die Messdaten in das gemeinsame Messframe-Koordinatensystem transformiert. Für die Nutzung in der geometrischen Qualitätssicherung fehlt die Transformation in das Flanschkoordinatensystem für die Transformation in das ortsfeste Roboterbasis-Koordinatensystem, welche im nächsten Abschnitt beschrieben wird.

5.2.3.4 Hand-Auge-Kalibrierung

Die Transformation zwischen dem Messframe und dem Flansch stellt grundlegend wieder die Hand-Auge-Kalibrierung dar. Grundsätzlich wäre es möglich, die Hand-Auge-Transformation ebenfalls mit dem Roboter als Referenzsystem und einer Messkugel als Referenzobjekt zu bestimmen. Da das System aber aus vier Teilelementen besteht, birgt dieses Vorgehen, wie oben beschrieben, den Nachteil, dass kleine Fehler in den Transformationen die Integrität der gemeinsamen Punktewolke massiv stören können.

Daher wird das Konzept um ein weiteres Minimierungsproblem (Gleichung 5.16) in Anlehnung an [76, 132] erweitert, um den Einfluss der Messunsicherheit des Roboters auf die Transformation zu reduzieren.

$$\mathrm{Min}_{\mathbf{p}_c} \left\{ \Delta\mathbf{p}^t \, \Delta\mathbf{p} \right\} \rightarrow \mathbf{p}_c \tag{5.16}$$

Die Fehlerpose $\Delta\mathbf{p}$ beschreibt den Fehler der Pose $\mathbf{p}_{\mathrm{F}}^{\mathrm{M}}$ durch die Gleichung 5.17.

$$\mathbf{T}(\Delta\mathbf{p}) = \mathbf{T}_{\mathrm{m}}^{-1}(\mathbf{p}_{\mathrm{R}}^{\mathrm{M}})\mathbf{T}^{-1}(\mathbf{p}_{\mathrm{A}}^{\mathrm{R}})\mathbf{T}_{\mathrm{m}}(\mathbf{p}_{\mathrm{A}}^{\mathrm{F}})\mathbf{T}(\mathbf{p}_{\mathrm{F}}^{\mathrm{M}}) \tag{5.17}$$

Die Pose $\mathbf{p}_{\mathrm{A}}^{\mathrm{R}}$ ist konstant aber fehlerhaft bekannt. Ihre Startwerte können über die Gleichung 5.18 mit den Startparametern von $\mathbf{p}_{\mathrm{F}}^{\mathrm{M}}$ und einer Roboterpose $\mathbf{p}_{\mathrm{A}}^{\mathrm{F}}$ sowie einer Lasertrackerpose $\mathbf{p}_{\mathrm{R}}^{\mathrm{M}}$ bestimmt werden.

$$\mathbf{T}(\mathbf{p}_{\mathrm{A}}^{\mathrm{R}}) = \mathbf{T}(\mathbf{p}_{\mathrm{A}}^{\mathrm{F}})\mathbf{T}(\mathbf{p}_{\mathrm{F}}^{\mathrm{M}})\mathbf{T}^{-1}(\mathbf{p}_{\mathrm{R}}^{\mathrm{M}}) \tag{5.18}$$

Das Minimierungsmodell beinhaltet zwölf zu optimierende Parameter. Durch die Minimierung der Fehlerpose $\Delta\mathbf{p}$ entstehen sechs Gleichungen. Dementsprechend sind mehr als zwei Messungen mit linear unabhängigen Roboterbewegungen für die Bestimmung der Pose $\mathbf{p}_{\mathrm{F}}^{\mathrm{M}}$ notwendig [132]. Für die Kalibrierung werden jeweils die ersten Roboter- und Lasertrackerposen einer Kugelmessung der vorherigen Sensorkalibrierung genutzt.

Aus der Minimierung der Gleichung 5.16 ergibt sich die kalibrierte Pose $\mathbf{p}_{\mathrm{F}}^{\mathrm{M}}$, die anschließend für die Transformation der Messdaten über die Roboterpose verwendet wird. Die resultierenden Messdaten können anschließend für die geometrische Qualitätsicherung verwendet werden. Sie beinhalten aber weitere Messfehler aus der Posemessung der Robotereinheit. Auf die Reduzierung dieses Messfehlers wird im nächsten Kapitel näher eingegangen.

Kapitel 6
Hochgenaue geometrische Prozessdaten und -führung

Durch die In-Prozessmessung im Auftragschweißprozess wird eine direkte Echtzeit-Digitalisierung der produzierten Oberfläche möglich. Die gewonnenen Daten können, wie in Kapitel 4 beschrieben, die Grundlage für eine In-Prozessregelung der Prozessparameter sowie für den Soll-Ist-Abgleich und die Merkmalsextraktion zur anschließenden geometrischen Qualitätssicherung bilden. Wie im vorherigen Abschnitt dargestellt, ist die Messdatenqualität signifikant von der Genauigkeit der sensorführenden Bewegungskinematik bzw. des Industrieroboters abhängig. Daher werden im Folgenden zwei Ansätze zur Manipulation der Pose des Industrieroboters konzeptioniert, um die Genauigkeit der Handhabungseinheit zu erhöhen.

6.1 In-Prozessregelung

Wie in [19] näher erläutert, ist die Verwendung eines adaptiven Regelkreises für die Stabilisierung des Auftragschweißprozesses bei unbekannten Prozessbedingungen durch Einzelbauteilfertigung oder variierenden Prozessparametern sinnvoll. Dabei kann, wie in Kapitel 2 beschrieben, zwischen der Aufrechterhaltung der Prozessbedingungen und der Anpassung der Prozessparameter für die Erreichung einer Soll-Geometrie unterschieden werden. Diese erste Maßnahme bezieht sich zum Beispiel auf die Einhaltung des vordefinierten Arbeitsabstands zwischen Prozesskopf und den aufgetragenen Schichten. Dabei erfolgt eine Regelung der Roboterpose, um den Abstand konstant zu halten. Aufgrund potenzieller, mehrmals gekrümmter Substratplatten und nicht ebener Auftragschichten ist eine sechs dimensionale Regelung (Translation und Orientierung) der Roboterkinematik unerlässlich. Dazu kann mithilfe der entwickelten geometrischen Qualitätssensorik die aufgetragene Geometrie digitalisiert und anhand der gewonnenen Daten die vordefinierte Bewegung der Robotersysteme in Echtzeit oder schichtweise angepasst werden. Die Regelung setzt dabei auf dem kinematischen Modell des Messsystems auf. Abbildung 6.1 zeigt die damit einhergehende Transformationsbeziehung für das Regelungssystem.

M. Buhr, *Geometrische Qualitätssensorik für die roboterbasierte, additive Produktion*, Light Engineering für die Praxis,
https://doi.org/10.1007/978-3-662-69317-9_6

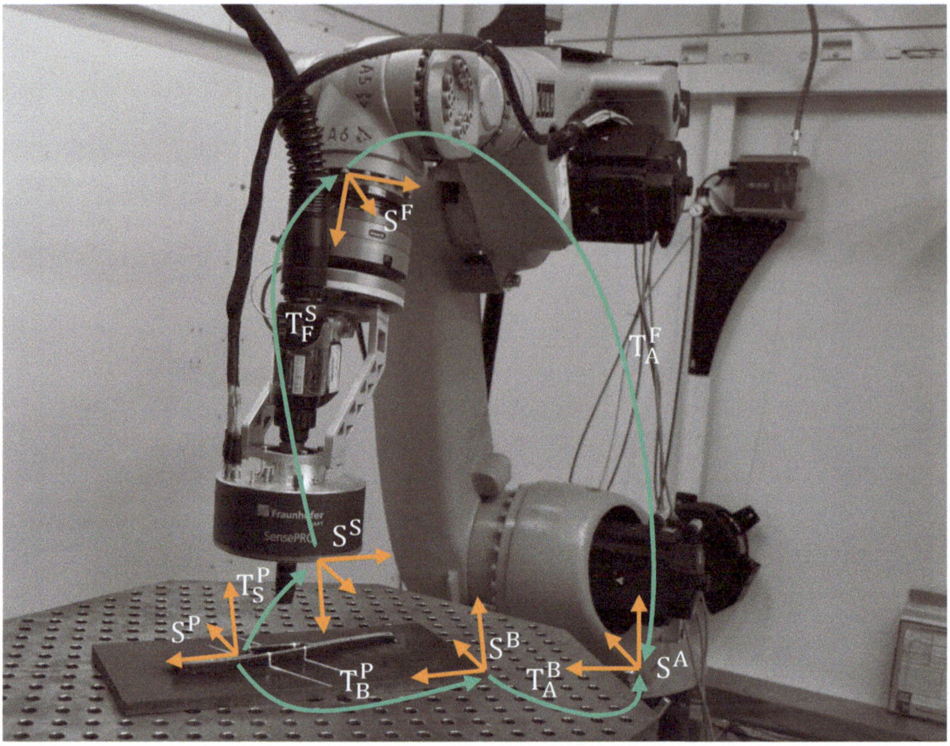

Abb. 6.1: Geometrische Zusammenhänge für die Regelung (in Anlehnung an [19])

Die regelkreisbasierte Manipulation des Robotersystems verwendet die Echtzeit-Sensorschnittstelle in der Robotersteuerung zur Korrekturwertbereitstellung. Wie im Abschnitt 5.1 beschrieben, digitalisiert das Sensorsystem die Oberfläche außerhalb der Prozessachse. Dadurch entsteht ein Vorlaufen bei der Messung. Diese Daten werden in einer virtuellen Punktewolke zwischengespeichert. Durch das Abfragen der Ist-Pose des Robotersystems bewegt sich der Prozesspunkt innerhalb dieser virtuellen Punktewolke. Auf Basis der Nachbarschaftsinterpolation sowie der Bestimmung des Normalenvektors der Oberfläche auf Basis des Kreuzprodukts kann die Regelabweichung des Regelkreises nach Gleichung 6.1 berechnet werden [19, 133].

$$\Delta\mathbf{T} = \mathbf{T}_A^{B^{-1}} \mathbf{T}_B^{P^{-1}} \mathbf{T}_A^F \mathbf{T}_F^S \mathbf{T}_S^P \tag{6.1}$$

Die Regelabweichung wird dann dem Robotersystem über die Echtzeit-Sensorschnittstelle übergeben. Neben der Regelung der Roboterpose zur Stabilisierung des Abstandes zwischen Prozesskopf und Oberfläche ist auf Basis der virtuellen Punktewolke und der darin enthaltenden Schichthöheninformation eine Regelung der Vorschubgeschwindigkeit des Robotersystems oder der Materialzuführung möglich.

In dem beschriebenen Regelungskonzept führt die Vermessung mithilfe des Robotersystems aber zu Messunsicherheiten, die sich in der Bewegungsanpassung widerspiegeln. Um die Genauigkeit der Messdaten bzw. des Robotersystems zu erhöhen, werden im folgenden Abschnitt Konzepte zur Steigerung der Genauigkeit dargestellt.

6.2 Dynamische Genauigkeitssteigerung

Wie oben dargestellt, hat die Absolutgenauigkeit des Roboters einen signifikanten Einfluss auf die Messgenauigkeit des Messsystems. Aufgrund der Verwendung eines Robotersystems als globales Bezugssystem und der Annahme einer höheren Genauigkeit des Sensorsystems bildet die Robotergenauigkeit eine untere Schranke für die Absolutgenauigkeit des Gesamtsystems. Die absolute Genauigkeit des Robotersystems beschreibt dabei die Abweichung zur programmierten Soll-Pose. Zur Erhöhung der Posegenauigkeit wird in der Literatur die Kalibrierung des mathematischen Robotermodells empfohlen [52, 134, 135]. Dabei werden die in der Steuerung hinterlegten, meist auf einer modifizierten Denavit-Hartenberg-Methode bestehenden Parameter im Zuge einer Vermessung und Optimierung angepasst. Eine direkte Manipulation der Parameter ist aber nicht bei jedem Roboterhersteller möglich. Daher wird in dieser Arbeit ein externes Roboterkinematikmodell hergeleitet und kalibriert. Durch die Kalibrierung des mathematischen Roboterkinematikmodells können die für die Transformation der Sensordaten notwendigen Posen korrigiert werden. Die Verwendung der hochgenauen Poseinformationen ermöglicht perspektivisch sowohl die Erhöhung der Absolutgenauigkeit der Sensordaten für die Qualitätssicherung, als auch die Realisierung hochgenauer Prozessbewegungen. Als Modell wird das in Kapitel 2 beschriebene Kinematikmodell verwendet. Für die Kalibrierung wird die im vorherigen Abschnitt entwickelte Minimierungsfunktion für $\mathbf{p}_{\mathrm{F}}^{\mathrm{M}}$ erweitert. Dabei wird die Pose $\mathbf{p}_{\mathrm{A}}^{\mathrm{F}}$ durch das kinematische Modell beschrieben. Als Eingangsparameter werden die Achswerte des Robotersystems verwendet. Die resultierende Transformationsbeziehung ist in Gleichung 6.2 beschrieben.

$$\mathbf{T}(\Delta\mathbf{p}) = \mathbf{T}_{\mathrm{m}}^{-1}(\mathbf{p}_{\mathrm{R}}^{\mathrm{M}})\mathbf{T}^{-1}(\mathbf{p}_{\mathrm{A}}^{\mathrm{R}})\mathbf{T}_{\mathrm{A}}^{\mathrm{F}}(\mathbf{p}_{\mathrm{A}}, \mathbf{x}_{\mathrm{k}})\mathbf{T}(\mathbf{p}_{\mathrm{F}}^{\mathrm{M}}) \tag{6.2}$$

Die Kalibrierung des Modells erfolgt über die Minimierung des Residuums in Gleichung 6.3 nach [76].

$$\mathrm{Min}_{\mathbf{p}_{\mathrm{c}}} \left\{\Delta\mathbf{p}^{\mathrm{t}}\,\Delta\mathbf{p}\right\} \rightarrow \mathbf{p}_{\mathrm{c}} \tag{6.3}$$

Die einzelnen Messposen i werden durch einen entwickelten Posengeneratoralgorithmus erzeugt, um den Arbeitsraum und die Achsbewegungen adäquat abzubilden. Dazu wird ein Arbeitsraum für den Auftragschweißprozess definiert. Dieser generiert auf Basis des gegebenen Arbeitsraums des Auftragschweißsystems zunächst iterativ Positionen mit maximalem Abstand und Raumabdeckung. Anschließend erfolgt die Definition der Orientierung, um große Änderungen in den Maschinenkoordinaten zwischen Einzelposen zu erzeugen.
Zusätzlich wird auf eine notwendige Ausrichtung des Messframes geachtet, um eine Vermessung durch den Lasertracker während der anschließenden Kalibrierung zu ermöglichen. Nach Abschluss der Bestimmung erfolgt die Berechnung der Pose über das Vorwärtstransformationsmodell auf Basis von Nominal-Parameterwerten. Dabei empfiehlt es sich zusätzlich Achskonfigurationswerte aufzunehmen, die die Mehrdeutigkeit der Pose beschreiben.
Das aus der Gleichung 6.2 und dem in Kapitel 2 beschriebenen Robotermodell bestehende Minimierungsmodell beinhaltet 40 Parameter. Bei der durchgeführten Signifikanzanalyse des Modells in Tabelle 6.1 zeigen sich lineare Abhängigkeiten in den Parametern d_1^{DH},d_3^{DH} und $\mathbf{p}_{\mathrm{A}}^{\mathrm{R}}[\mathrm{t_y}]$. Daher erfolgt eine hierarchische Kalibrierung mit 4 Stufen.
Zur Erhöhung der Genauigkeit der Mess- und Positionsdaten können anschließend die zwei im Folgenden beschriebenen Methoden zum Einsatz kommen. Bei der ersten Methode werden die korrigierten Posen, wie bei der Regelung im vorherigen Abschnitt an das Robotersystem zurückgeführt. Dadurch steigert sich die Bahngenauigkeit des Robotersystems, welche sich positiv auf die Messdatengenauigkeit auswirkt. Das Regelungssystem auf Basis des kalibrierten Modells arbeitet dabei unabhängig vom Sensorsystem. Bei der zweiten Methode werden die kalibrierten Posen direkt für die Sensordatentransformation verwendet. Dadurch steigert sich aber nicht die Genauigkeit des Robotersystems. Diese Methode bietet insbesondere, wenn keine Echtzeitregelung gewünscht oder notwendig ist, die Möglichkeit einer Messdatengenauigkeitssteigerung.

Externe Regelkreiskalibrierung

Statt der oben angesprochenen Anpassung der Modellparameter des Steuerungsmodells wird eine externe regelkreisbasierte, dynamische Systemkalibrierung entwickelt. Mithilfe des kalibrierten Robotermodells wird ein Regelkreis aufgebaut, der dynamisch in Echtzeit die Maschinenkoordinaten des Robotersystems anpasst. Der Regelkreis ist in Abbildung 6.2 dargestellt.
Der Regelkreis basiert auf der reglerbasierten Echtzeit-Schnittstelle der Robotersteuerung. Dabei werden im Echtzeittakt von 4 Millisekunden Pose- und Maschinenkoordinateninformationen vom externen Regler empfangen und innerhalb des

Tabelle 6.1: Signifikanzanalyse der Robotertransformation

Parameter	SVD-Term
Identifizierbare Parameter	
$\mathbf{p}_A^R[\theta_z]$	22,0114
m_{s_6}	21,2992
$\mathbf{p}_A^R[\theta_x]$	17,4483
m_{s_2}	15,3556
a_5^{DH}	13,1877
θ_1^{DH}	12,2306
$\mathbf{p}_A^R[\theta_y]$	5,3844
m_{s_5}	5,2060
m_{s_4}	4,7009
d_5^{DH}	4,4324
a_4^{DH}	3,5080
α_6^{DH}	2,9627
m_{s_3}	2,4198
$\mathbf{p}_F^M[\theta_y]$	1,9379
α_2^{DH}	1,7913
$\mathbf{p}_F^M[t_y]$	1,7665
θ_3^{DH}	1,47728
a_6^{DH}	1,4692
θ_4^{DH}	1,1516
α_3^{DH}	1,1266
d_4^{DH}	1,0073
$\mathbf{p}_F^M[t_z]$	0,9585
a_2^{DH}	0,9341
θ_6^{DH}	0,8235
θ_5^{DH}	0,7408
α_5^{DH}	0,7125
d_2^{DH}	0,6430
m_{s_1}	0,6175
θ_2^{DH}	0,4717
α_1^{DH}	0,4310
a_3^{DH}	0,3945
$\mathbf{p}_A^R[t_x]$	0,2545
a_1^{DH}	0,2051
$\mathbf{p}_A^R[t_z]$	0,1637
$\mathbf{p}_F^M[\theta_x]$	0,0073
d_6^{DH}	0,0004
$\mathbf{p}_F^M[\theta_z]$	0,002
Nicht identifizierbare Parameter	
d_1^{DH}	2,1841e-13
d_3^{DH}	3,951e-14
$\mathbf{p}_A^R[t_y]$	3,543e-14

Takts Posekorrekturwerte auf Basis des kalibrierten Modells zurückgeschickt. Das kalibrierte Robotermodell dient somit als Referenzsystem. Die empfangenen Maschinenkoordinaten werden in das Modell geführt. Daraus ergibt sich die kalibrierte Pose $\mathbf{p}_A^F$, die anschließend im Rahmen der in Gleichung 6.4 beschriebene Fehlerposenberechnung mit der Ist-Pose des Roboters verrechnet wird. Dadurch kann die Absolutgenauigkeit des Robotersystems dynamisch gesteigert werden.

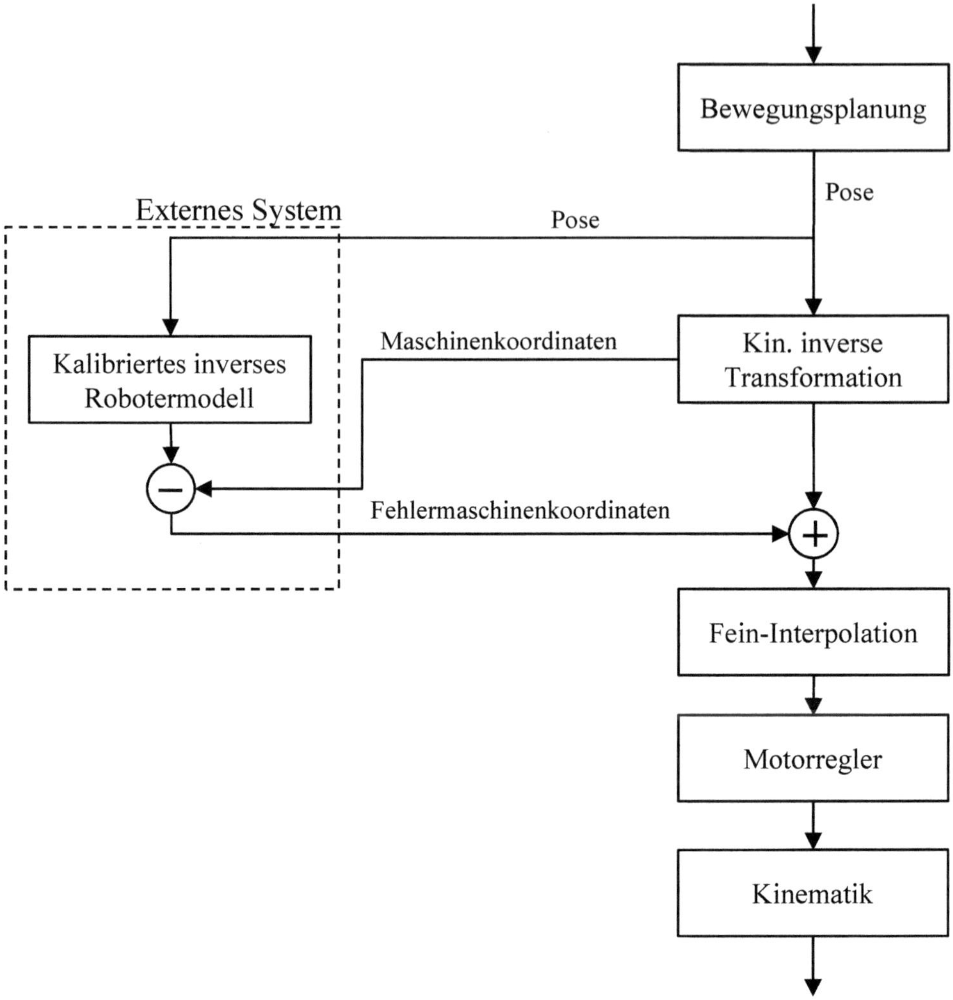

Abb. 6.2: Externe Regelung auf Basis eines kalibrierten Robotermodells

$$\mathbf{T}_{\mathrm{m}}(\mathbf{p}^{\mathrm{F}}_{\mathrm{A}_{\mathrm{Korrektur}}}) = \mathbf{T}^{-1}_{\mathrm{m}}(\mathbf{p}^{\mathrm{F}}_{\mathrm{A}_{\mathrm{kalibriert}}})\mathbf{T}_{\mathrm{m}}(\mathbf{p}^{\mathrm{F}}_{\mathrm{A}_{\mathrm{Ist}}}) \tag{6.4}$$

Modellbasierte Genauigkeitssteigerung

Ist eine Steigerung der Positionierungsgenauigkeit der Handhabungseinheit für den Prozess nicht notwendig, kann auf Basis des kalibrierten Robotermodells eine modellbasierte Genauigkeitssteigerung der Messdaten erfolgen. Bei diesem Ansatz erfolgt die Bestimmung der Transformationsmatrix $\mathbf{T}^{\mathrm{F}}_{\mathrm{A}}$ mithilfe des kalibrierten Modells und nicht als Messwert aus der Robotersteuerung. Abbildung 6.3 zeigt die

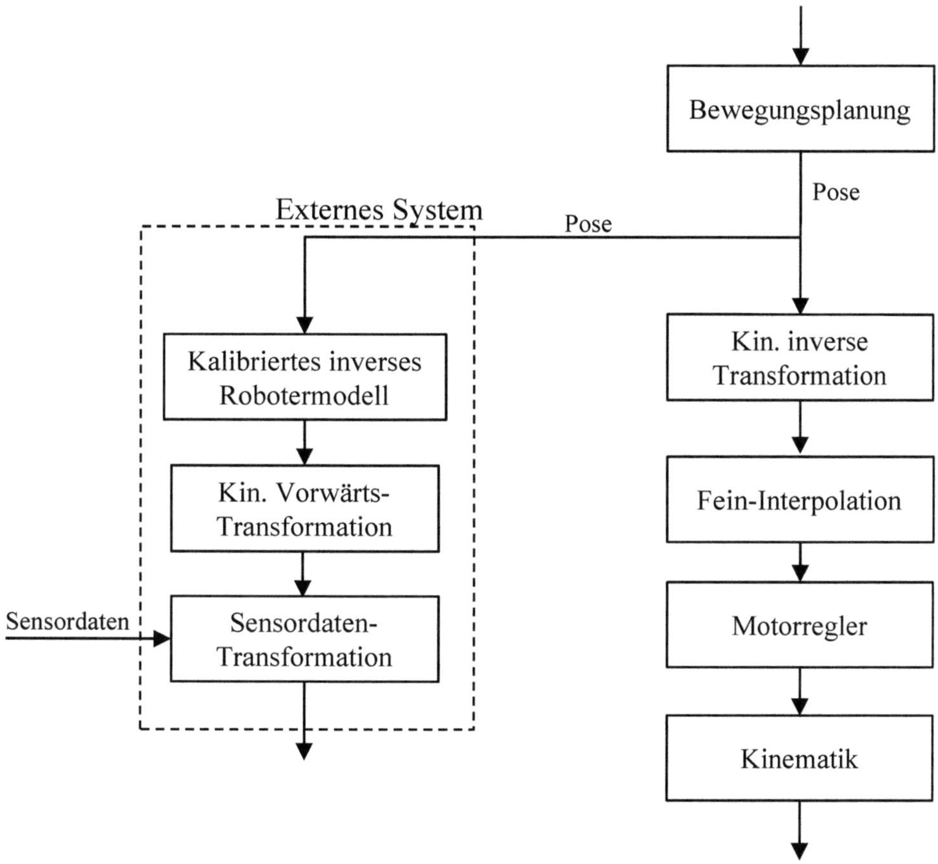

Abb. 6.3: Modellbasierte Genauigkeitssteigerung der Messdaten des Sensor-Robotersystems

Steigerung der Poseinformation für die Sensordatentransformation mithilfe des kalibrierten Robotermodells.

Die Transformationsmatrix wird auf Basis der aktuellen kalibrierten Roboterpose bestimmt und dient anschließend für die ortsdiskrete Transformation der Sensorwerte nach Gleichung 6.5.

$$\mathbf{x}_{\mathrm{B}_{m,n}} = \mathbf{T}^{-1}(\mathbf{p}_{\mathrm{A}}^{\mathrm{B}})\mathbf{T}_{\mathrm{A}_m}^{\mathrm{F}}(\mathbf{p}_{\mathrm{A}}, \mathbf{x})\mathbf{T}(\mathbf{p}_{\mathrm{F}}^{\mathrm{S}})x_{\mathrm{S}_{n,m}} \tag{6.5}$$

Um die Notwendigkeit dieser Ansätze zu untersuchen, erfolgt die Validierung des Sensorsystems im nächsten Kapitel auf Basis eines werkskalibrierten Robotersystems.

Kapitel 7
Validierung des geometrischen Sensorsystems

Im folgenden Abschnitt wird das entwickelte Sensorsystem auf Basis empirischer Versuche auf die Anforderungs- und Funktionserfüllung evaluiert und die praktische Einsatzfähigkeit analysiert. Das Sensorsystem wird dafür mithilfe der erweiterten Kugelmethode aus Kapitel 5 kalibriert. Auf eine Kalibrierung des Robotersystems mit den beschriebenen Konzepten wird verzichtet, um die Verwendung mit Standardrobotersystemen zu evaluieren.

7.1 Untersuchung der Funktionserfüllung

Zur Untersuchung der Funktionserfüllung werden empirische Untersuchungen in den folgenden Bereichen durchgeführt.

- Sensor- und Systemgenauigkeit
- Robustheit
- Systemfunktionalität

Die Untersuchung der Genauigkeit des Sensor- und Messsystems folgt den Abnahmekriterien der VDI 2634 [136] und ISO EN 10360-8 [45]. Die in den Richtlinien beschriebenen Methoden sollen zur Beurteilung der Genauigkeit optischer Messsysteme dienen. Ein wichtiges Kriterium zur Abnahme eines geometrischen Messsystems mit optischen Abstandssensoren beschreibt die Antastabweichung. Die Antastabweichung ist ein Maß für die Leistungsfähigkeit des Messsystems für die geometrische Längenmessung und umfasst jegliche Abweichungen des Sensorsystems wie Rauschen, Verzerrungen, Kalibrierungsfehler und fehlerhafte Algorithmen sowie weitere, die in Kapitel 4 beschrieben sind [45]. Die Antastabweichung gliedert sich in die Formantastabweichung (PF) und die Größenabweichung (PS). Zur Bestimmung der Kennwerte wird eine Referenzkugel aus unterschiedlichen Richtungen abgescannt und ein Kugel-Fit durchgeführt. Das Antastabweichungsmaß PS beschreibt den Fehler des Radius zwischen einem bekannten Soll-Wert und dem gefitteten gemessenen Wert (Gleichung 7.1). Das Antastabweichungsmaß PF gibt Aufschluss über die Streuung der Messwerte (Gleichung 7.2). Dabei wird die maximale Radiusdifferenz zwischen den Messwerten bestimmt.

M. Buhr, *Geometrische Qualitätssensorik für die roboterbasierte, additive Produktion*, Light Engineering für die Praxis,
https://doi.org/10.1007/978-3-662-69317-9_7

Tabelle 7.1: Antastabweichungsmaße des entwickelten Sensorprototyps

Normwert	System	Fehler
Antastabweichung PS (Size)	Sensor	0,0073 mm
Antastabweichung PF (Form)	Sensor	0,2633 mm
Antastabweichung PS (Size)	Messsystem	0,0886 mm
Antastabweichung PF (Form)	Messsystem	0,8090 mm

$$PS = \|r_{\text{fit}} - r_{\text{Ref}}\| \tag{7.1}$$

$$PF = \|r_{\text{min}} + r_{\text{max}} - 2r_{\text{Ref}}\| \tag{7.2}$$

In Tabelle 7.1 werden die beiden Kenngrößen Antastabweichung PF (Form) und Antastabweichung PS (Size) nach ISO EN 10360-8 des entwickelten Sensorsystems aufgezeigt. Die Messdatentransformationen für den Sensor wurden mithilfe des Lasertrackers durchgeführt. Bei der Untersuchung des aus Sensor und Roboter bestehenden Messsystems erfolgt die Transformation in ein ortsfestes Koordinatensystem auf Basis des Roboters.

Die entsprechenden Punktewolken der Referenzkugeln sind in Abbildung 7.1 und 7.2 dargestellt. Um ein geeignetes Kugelfitting für das richtungsunabhängige Sensorsystem zu gewährleisten, wurde die Kugel aus unterschiedlichen Richtungen mit jedem Teilelement des Sensors abgescannt, wodurch sich die Kugelpunktewolke aus 48 Einzelscans zusammensetzt.

Als Anforderungen an das Messsystem werden in Kapitel 4 eine richtungsunabhängige Messung und eine hohe Temperaturstabilität gestellt. Die Temperaturstabilität wird durch In-Prozessversuche mit Thermoelementmessungen untersucht. Die Versuche zeigen stabile Temperaturen innerhalb des optimalen Betriebsbereichs der elektronischen und optischen Komponenten. Ergebnisse daraus sind in die Veröffentlichung [126] eingeflossen. Somit ist durch das Kühlkonzept, bestehend aus wasserdurchflossener Kühlstruktur und direkter Druckluftkühlung, eine Messung bei konstanten Temperaturbedingungen gewährleistet.

Durch den prozesskopfumhüllenden Aufbau des Sensorsystems wird die Anforderung der Richtungsunabhängigkeit erfüllt. Mit einer Vorlaufdistanz von 25 Millimetern sind nur geringe Abweichungen vom Soll-Pfad für die parallele Schweißung und Vermessung notwendig. Des Weiteren sind keine zusätzlichen Scanpfade notwendig, um die Oberfläche der einzelnen Schweißnähte zu vermessen.

Abb. 7.1: Kugelpunktewolken aller Teilelemente im Lasertracker-Koordinatensystem

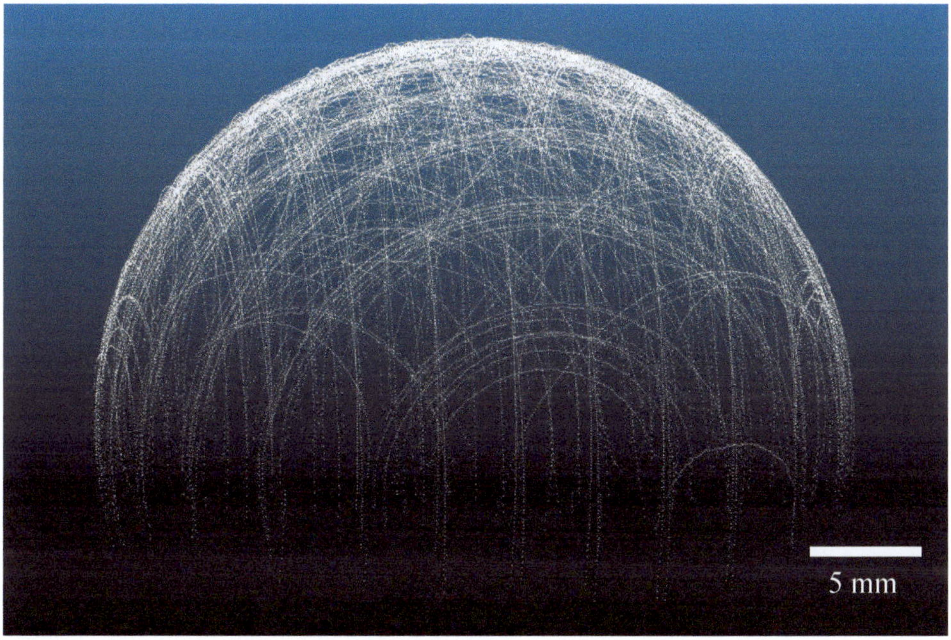

Abb. 7.2: Kugelpunktewolken aller Teilelemente im Roboter-Koordinatensystem

Abb. 7.3: Gitterflosse einer SpaceX Falcon 9 Trägerrakete

7.2 Evaluierung an einem Demonstrationsbauteil

Neben der Untersuchung der messtechnischen Funktionserfüllung ist auch die Nutzbarkeit im Schweißprozess zu überprüfen. Dazu wird ein Demonstrationsbauteil gefertigt, welches die geometrische Qualitätssicherung durch die schichtweise Digitalisierung untersucht. Für die Validierung des entwickelten Sensorsystems werden die Gitterflossen (englisch Grid Fins) von Trägerraketen als repräsentatives additiv gefertigtes Luftfahrtbauteil für die Demonstration gewählt. Die Gitterflossen sind essenzieller Bestandteil heutiger wiederverwendbarer orbitaler Trägerraketen [137]. Der Trend Raketen wiederzuverwenden, startete in den 1960er Jahren mit dem Ziel, den Weltraumtransport günstiger zu gestalten [138]. Daraus entstammte die Idee Raketen vertikal landen zu lassen. Insbesondere das Unternehmen SpaceX zeigte in den letzten Jahren enorme Fortschritte bei der Entwicklung dieser Technologie. Ein entscheidender Bestandteil zur Landung dieser Raketen spielen die Gitterflossen, die zur Stabilisierung und Lenkung um den äußeren Ring der Rakete verteilt angebracht sind. Abbildung 7.3 zeigt beispielhaft die Gitterflosse einer aktuellen Trägerrakete. Aufgrund der hohen Temperaturen beim Wiedereintritt in die Atmosphäre sind diese Bauteile meist konventionell aus einer Titanlegierung gefertigt [137]. Um eine nachhaltige und ressourceneffiziente Herstellung der Funktionsstrukturen zu ermöglichen, können in Zukunft aber auch Auftragschweißverfahren zum Einsatz kommen. Die Gitterflossen heutiger Trägerraketen für den Orbitalflug weisen Maße von circa 1,25 Meter × 1 Meter auf [137]. Trotz der hohen Auftragsraten im Auftragschweißprozess würde die Produktion mehrere Tage benötigen. Die Detektion von Fehlstel-

Tabelle 7.2: Prozessparameter für die Demonstratorvalidierung

Schweißspannung	14,6 V
Schweißstrom	144 A
Drahtvorschubgeschwindigkeit	0,0667 $\frac{m}{s}$
Schichthöhenversatz	1,1 mm
Vorschubgeschwindigkeit	0,007 $\frac{m}{s}$
Drahtdurchmesser	1,2 mm
Schutzgas	DIN EN ISO 14175: M21-ArC-18
Drahtmaterial	EN ISO 1431-A G 46 4 M21 4Si1 / G 46 2 C1 4Si1

len in einem nachgelagerten Prozessschritt wäre ein wirtschaftlicher Verlust. Die additive Produktion von Gitterflossen bedingt daher die Nutzung einer schichtüberwachenden Geometriesensorik, um Geometrieanomalien und Fehlstellen frühzeitig zu erkennen und Gegenmaßnahmen einzuleiten.

Für die Validierung der entwickelten Geometriesensorik wird eine Gitterflosse abstrahiert und im Maßstab 1:3 konstruiert und gefertigt. Die abstrahierte Gitterflosse zeichnet sich durch einspurige Wände mit Kreuzungspunkten aus, die wie in Kapitel 4 beschrieben, aufgrund von Schichtüberlappungen zu einer Fehlerquelle für geometrische Abweichungen werden können. Prozessseitig sind orthogonale sowie diagonale Bewegungen für die Generierung der Struktur auf Basis eines planaren Slicings notwendig. Dabei kann die Bewegung gänzlich richtungsunabhängig ausgeführt werden. Die Fertigung erfolgt mit der in Kapitel 3 beschriebenen Anlagentechnik auf Basis des Lichtbogenauftragschweißprozesses. Für die Demonstration kommt ein niedrig legierter Stahl-Schweißdraht zum Einsatz. Die Tabelle 7.2 fasst die verwendeten Prozessparameter für die Bauteilgenerierung zusammen.

Während der schichtweisen Fertigung wird kontinuierlich die Oberfläche gescannt. Dabei werden sektionsweise Einzelpunktewolken erzeugt, um die Größe der erzeugten Punktewolkendateien gering zu halten. Die Prozesszeit des geschweißten und in Abbildung 7.4(a) dargestellten Demonstrators beträgt fünf Stunden.

Wie in Kapitel 4 beschrieben, entsteht bedingt durch den verwendeten Prozess ein erhöhtes Messrauschen aufgrund von unter anderem variierenden Reflexionseigenschaften, detektierten Schweißspritzern und prozessemittierendem Streulicht im Vergleich zu den oben beschriebenen Messuntersuchungen. Daher wird eine filterbasierte Rauschreduktion der Punktewolkendaten der Aufnahme nachgeschaltet. Diese erfolgt auf Basis einer Ausreißerselektion durch die Nächste-Nachbarn-Klassifikation. Abbildung 7.4(b) zeigt die aufgezeichnete Gesamt-Punktewolke des geschweißten Demonstrationsbauteils.

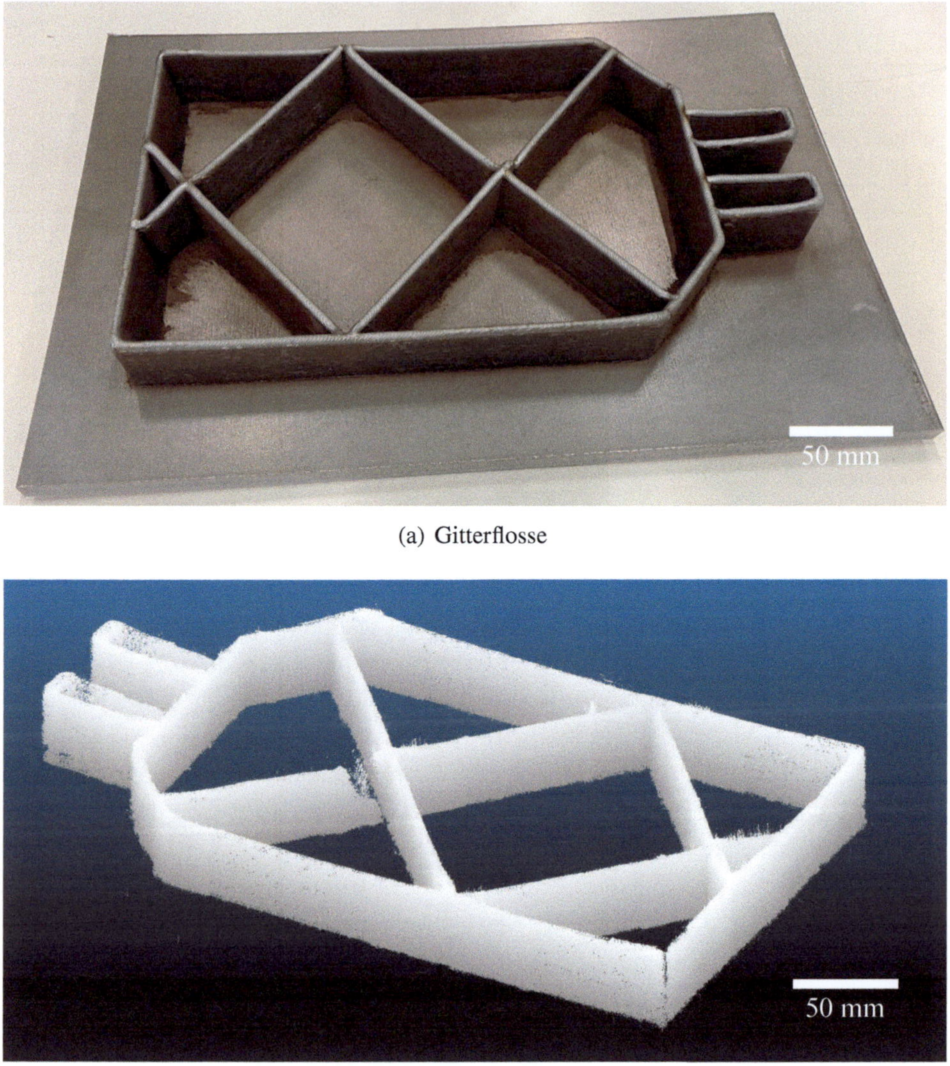

(a) Gitterflosse

(b) Punktewolke

Abb. 7.4: Validierungsbauteil WAAM-Gitterflosse mit der In-Prozess-Punktewolke

Für die Erzeugung von Kreuzungspunkten wird üblicherweise ein Spurabstand definiert, um eine gute Anbindung der Einzelspuren bei gleichzeitiger Unterbindung einer Überhöhung durch Doppelschweißung zu ermöglichen. Die definierte Überlappung bei dem geschweißten Bauteil beträgt 70 % der Nahtbreite. Sowohl im Bauteil als auch in der Punktewolke zeigt sich, dass die gewählte Überlappung in zwei Bereichen nicht ausreichend war. In Abbildung 7.5 ist eine Überlapp-Fehlstelle im Bereich der Kreuzungspunkte zu sehen. Die mangelnde Überlappung führt zu einer Öffnung

(a) Gitterflosse

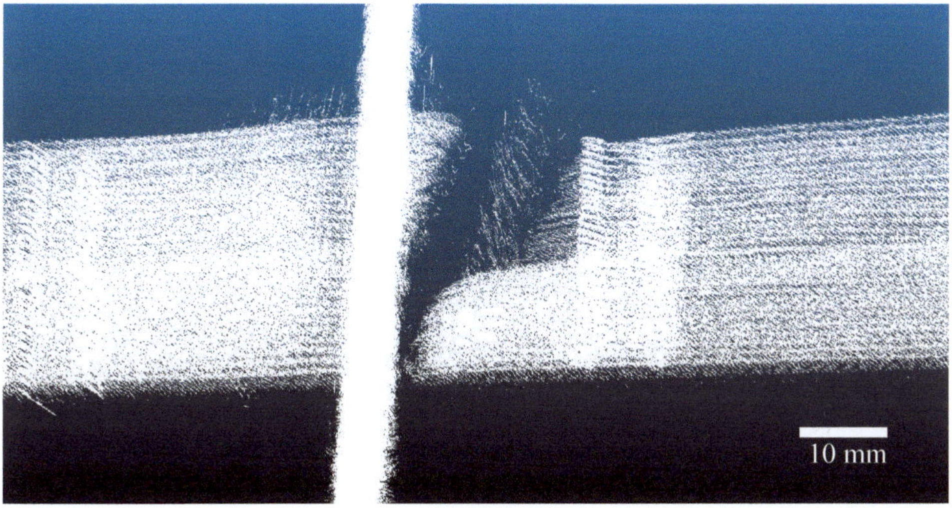

(b) Punktewolke

Abb. 7.5: Anbindungsfehler über alle Bauteillagen

der Struktur. Das Bauteil würde somit den Qualitätsanforderungen nicht genügen und müsste erneut gefertigt werden.

In Abbildung 7.6 ist eine weitere Fehlstelle zu sehen. Es ist erkennbar, dass in den ersten Lagen keine Verbindung zwischen den Spuren vorhanden ist. Diese Fehlstelle ist ebenfalls in der digitalisierten Geometriepunktewolke erkennbar. Mit zunehmender Baujobdauer ist erkennbar, dass die Spuren sich zunehmend verlängern, bis der Spalt in einer Schicht überbrückt wurde. Das Schließen des Spalts über die Baujobdauer lässt sich auf die Änderung des thermischen Zustands über die Aufbauhöhe

(a) Gitterflosse

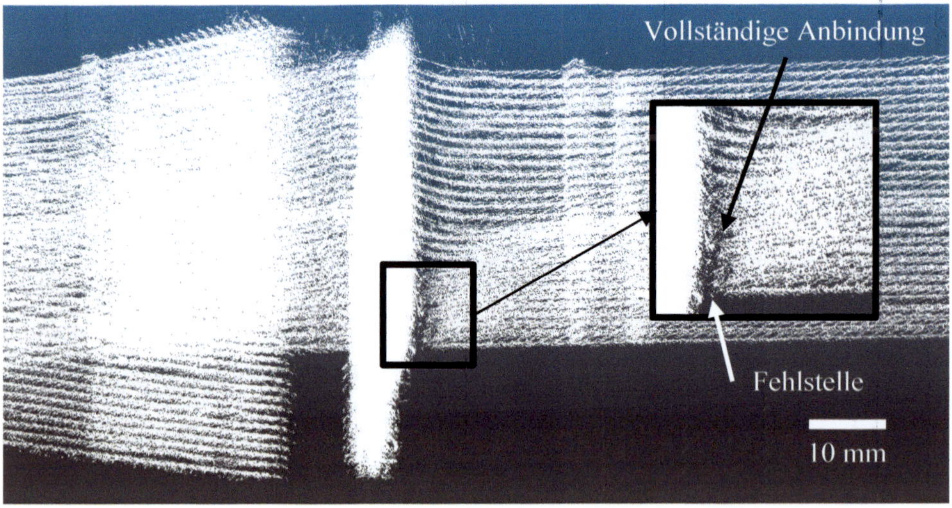

(b) Punktewolke

Abb. 7.6: Anbindungsfehler in den unteren Bauteillagen

und durch die spaltüberbrückenden Eigenschaften des Lichtbogens erklären. Mit der Annahme einer zukünftig mehrspurigen Bauteilgenerierung zeigt sich die Relevanz einer schichtweisen In-Prozess-Geometrievermessung. Dabei würde bei einer geometrischen Vermessung nach dem Erreichen der Endkontur solche innenliegenden Fehlstellen unerkannt bleiben.

7.3 Bewertung der Ergebnisse

Nach den abgeschlossenen Validierungsuntersuchungen werden im Folgenden die gewonnenen Ergebnisse gegenübergestellt und bewertet. Für die Bewertung der Genauigkeit der Kalibrierung wurden Untersuchungen nach ISO EN 10360-8 durchgeführt. Die dargestellten Ergebnisse zeigen hohe erreichbare Genauigkeiten im Bereich der maßbezogenen Antastabweichung, was die in Kapitel 5.2 entwickelte Kalibrierungsmethodik bestätigt. Bezogen auf die formseitige Antastabweichung zeigte sich eine höhere Abweichung, die eine höhere Streuung der Messwerte zur Ursache hat. Mit einem Größenanstastabweichungsmaß PS von 0,08 Millimetern ist das Sensorsystem für den Einsatz im Auftragschweißprozess geeignet, da dieses eine Detektion von Änderungen der Einzelschicht von 0,2 Millimetern nach Kapitel 4 voraussetzt.
Die formseitige Antastabweichung kann in Zukunft durch eine Berücksichtigung von Rausch- und Fixed-Pattern-Noise-Kompensation reduziert werden. Des Weiteren zeigen Untersuchungen im Stand der Technik, dass eine Reduzierung der Streuung durch Anpassung der Subpixeldetektionsalgorithmen (zum Beispiel durch Faltungsalgorithmen) sowie ein zweidimensionales Glätten der Bilddaten möglich ist. Dadurch wird sich auch der PS-Wert weiter verbessern. Diese Bilddatenvorverarbeitung bedingen aber eine Implementierung dieser Algorithmen auf der FPGA-Hardware, um weiterhin hohe Messfrequenzen gewährleisten zu können.
Des Weiteren wurde das Sensorsystem im realen Bauprozess validiert. Dabei konnte dieser kontinuierlich schichtweise dokumentiert werden und damit bestätigt werden, dass die Lasertriangulation eine geeignete Technologie für die In-Prozessmessung im Auftragschweißprozess darstellt. Während des Prozesses waren keine Umorientierungen des Prozesskopfes nötig, sodass die notwendige Funktionalität der Richtungsunabhängigkeit bestätigt werden konnte. Bei einer Verwendung eines klassischen Lasertriangulationssensors für die In-Prozessvermessung wären mehr als zehn Umorientierungen pro Schicht notwendig.
Durch die geeignete Auslegung des Systems ist das System widerstandsfähig gegenüber den in Kapitel 4 analysierten, auftretenden Umweltbedingungen. Die integrierten Kühlmechanismen ermöglichen in den In-Prozessuntersuchungen konstante Temperaturen an den optischen und elektronischen Komponenten. Aufgrund variierender Prozessbedingungen im Auftragschweißprozess sowie unterschiedlicher Leistungsaufnahmen der elektronischen Komponenten bei der Vermessung könnten sich in Zukunft dennoch instabile Temperaturbedingungen zeigen. Daher könnten detaillierte Untersuchungen des Temperaturverhaltens in einer modellbasierte Temperaturkompensation münden.
Das gesamte Demonstrationsbauteil konnte in einer Scanpunktewolke erfasst und für eine zukünftige automatisierte Auswertung bereitgestellt werden. Dabei wurden auch die im Prozess aufgetretenen Fehlstellen in die erzeugte Punktewolke überführt. Die-

se Fehler demonstrieren den dringenden Bedarf für die In-Prozessqualitätssicherung im Auftragschweißprozess, da sie bei einer nachträglichen Vermessung nicht oder nur durch teure Untersuchungen detektiert worden wären.
Wie erwartet, führt die Verwendung des Robotersystems als Referenzsystem für die Vermessung zu geringeren Genauigkeiten. Dennoch konnte gezeigt werden, dass eine gemeinsame Verwendung des Robotersystems für den Prozess als auch als Messsystem möglich ist. Für den industriellen Einsatz sind aber die in Abschnitt 6.2 beschriebenen Maßnahmen zur dynamischen Genauigkeitssteigerung zu empfehlen. Trotz der gezielten Auslegung wurde gezeigt, dass die Emissionen des Prozesses und das Glühen der Oberflächen weiterhin eine Quelle für Messrauschen darstellt. Deren Einfluss ließ sich durch geeignete Bahnplanung effizient reduzieren. Eine Erhöhung der Laserleistung und die dadurch resultierende Möglichkeit zur Reduktion der Belichtungszeit sowie der Verwendung von Sperrfiltern wird eine weitere Reduzierung der Störstrahlung ermöglichen. Eine Erhöhung der Laserleistung bedingt aber die Verwendung zusätzlicher Schutzmaßnahmen, wie der Integration in die Zellensteuerung für ein automatisches Triggern des Lasers. In Bezug auf die Anforderungen aus Kapitel 4 hinsichtlich Richtungsunabhängigkeit, Temperaturstabilität und In-Prozessvermessung konnte die Validierung die industrielle Relevanz der geometrischen Qualitätssicherung sowie des entwickelten Sensorsystems untermauern.

Kapitel 8
Zusammenfassung und Ausblick

8.1 Zusammenfassung

Die Qualitätssicherung im Auftragschweißprozess ist einer der kritischsten Funktionen für die weitere Verbreitung der additiven Fertigungstechnologien. Insbesondere die Sicherstellung der gewünschten Geometrie des Einzelbauteils, als auch der einzelnen Schichten ist eine Bewertungsgrundlage für die Prozessfähigkeit der Fertigungstechnologie. Als Sensortechnologie für die Bewertung der geometrischen Qualität in der roboterbasierten Additiven Fertigung hat sich das Lasertriangulationsverfahren etabliert. Die Lasertriangulationssensoren erzeugen dabei ein hochauflösendes, digitales Abbild der Fehlstellen und geometrischen Merkmale der generierten Struktur. Aus der etablierten Zweckentfremdung der für die Fließbandinspektion entwickelten Sensorsysteme für den Einsatz in den robotergeführten Schweißprozessen leiten sich Herausforderungen, wie eine erhöhte Messunsicherheit und zusätzliche richtungsabhängige Digitalisierungsprozessschritte, ab.

Daher war die Zielsetzung dieser Arbeit die Realisierung einer geometrischen Qualitätssicherung für den Auftragschweißprozess auf Basis einer prozessoptimierten und zweckmäßigen Lasertriangulationssensorik. Dazu wurden zunächst die geometrischen Kennwerte und zu detektierenden Fehlstellen im Auftragschweißprozess analysiert. Es zeigte sich ein klarer Bedarf einer schichtweisen, kontinuierlichen Überwachung der erzeugten Geometrie, da in jeder Schicht Fehlstellen austreten können. Um eine kontinuierliche Überwachung zu realisieren, ist somit eine vollständige, richtungsunabhängige In-Prozessvermessung durch einen Linien-Lasertriangulationssensor notwendig. Während dieser Messung wirken unterschiedlichste Einflussfaktoren auf das Sensorsystem, die hinsichtlich ihrer Einflüsse auf die Messunsicherheit untersucht und analysiert wurden. Dabei wurden sowohl allgemeine messtechnische Einflüsse als auch die prozessbedingten Einflüsse evaluiert. Insbesondere das unterschiedliche Strahlungsspektrum der beiden untersuchten Prozesse spielte für die spätere Auslegung des Sensorsystems eine Rolle. Zusätzlich zeigten die vorherrschenden Prozesstemperaturen und die Sensor- und Systemkalibrierung den größten Einfluss. Die gewonnenen Erkenntnisse wurden genutzt, um geeignete Maßnahmen zur Reduzierung der Messunsicherheit abzuleiten und ein für

M. Buhr, *Geometrische Qualitätssensorik für die roboterbasierte, additive Produktion*, Light Engineering für die Praxis,
https://doi.org/10.1007/978-3-662-69317-9_8

den Auftragschweißprozess spezifisches, richtungsunabhängiges Sensorkonzept zu entwickeln.

Das entwickelte Multi-Sensorkonzept realisiert kurze Vorlaufdistanzen bei konstantem Messfeld und maximale Bewegungsfreiheit über den gesamten Arbeitsbereich. Ergänzt wird das auf einer Multi-Kamera-Laserkombination basierende Konzept durch eine prozessspezifische Auslegung der optischen Komponenten und Schutzeinrichtungen zur Kompensation der identifizierten Umgebungseinflüsse. Auf Basis des Hardwarekonzepts wurde das mathematische Sensormodell und eine geeignete Kalibrierungsmethodik mit Lasertracker- und Kugelreferenz entwickelt. Ergänzt wurde das Modell um Strategien zur Erhöhung der Prozessdaten und -führung auf Basis externer Regelkreise. Die abschließende Validierung erfolgte auf Basis von sphärischen Referenzinformationen und In-Prozessmessungen während der Fertigung einer Gitterflosse für orbitale Trägerraketen. Dabei konnte die Notwendigkeit der geometrischen Qualitätssicherung durch die Detektion von inneren Bauteilfehlern untermauert werden. Des Weiteren konnte dadurch das entwickelte, neuartige Sensorkonzept und der Prototyp des prozessspezifischen Lasertriangulationssensorsystems als notwendige Technologie für die geometrische Qualitätssicherung im roboterbasierten Auftragschweißprozess bestätigt werden.
Die Ergebnisse der vorliegenden Arbeit bilden somit zukünftig die Basis für die geometrische Qualitätssicherung und die prozessoptimierte Realisierung optischer 3D-Messtechnik in der roboterbasierten Additiven Produktion.

8.2 Ausblick

Das in dieser Arbeit entwickelte Sensorkonzept konnte erfolgreich für die prozessspezifische, geometrische In-Prozessqualitätssicherung validiert werden. Dabei zeichnet sich das Konzept durch die Berücksichtigung der Anforderungen und Einflüsse, wie Bewegungsflexibilität, Umgebungsbedingungen und Multi-Sensorkalibration, aus. Für den zukünftigen industriellen Einsatz ergeben sich folgende Forschungs- und Entwicklungsbedarfe. Eine notwendige Maßnahme zur Erhöhung der Aussagekraft der gemessenen Punktewolken bildet die Erhöhung der Messdatenqualität. Dabei sollte sowohl die Berücksichtigung der Kompensation von systematischen Bildfehlern wie durch Sensorchipungleichmäßigkeiten, als auch die Einführung höherer Laserleistungen sowie hardwarebasierter Triggersignale für die Datenaufnahme fokussiert werden. Außerdem ist eine Rausch-Optimierung durch eine prozessseitige Untersuchung der Liniendetektionsalgorithmen durchzuführen.

Des Weiteren ist eine automatisierte Datenauswertung für die Etablierung einer kontinuierlichen, geometrischen In-Prozessqualitätssicherung notwendig. Dadurch können in Zukunft auf Basis der digitalisierten Geometrieinformationen weitere Automatisierungspotentiale ausgeschöpft werden. Voraussetzung dafür ist die Entwicklung einer Punktewolkenverarbeitungspipeline für die automatisierte Auswertung von Punktewolken für die Prozesskennwertextraktion sowie Anomalie- und Fehlerdetektion. Auf Basis von modularisierten Event-Streaming-Plattformen ist so eine verteilte In-Prozessentscheidungsfindung während des Prozesses möglich, die direkten Einfluss auf den Auftragschweißprozess nimmt und dem Anwender Informationen anstatt Rohdaten zur Verfügung stellt. Die Auswertung kann dabei auf Basis klassischer Messlinienauswertungen oder auf Bildverarbeitungsalgorithmen und maschinellem Lernen durch zweidimensionale Projektion zur Anomaliedetektion erfolgen. Diese Maßnahmen bilden die Basis für eine vollautomatisierte geometrische Qualitätssicherung in der roboterbasierten Additiven Fertigung.

Bereits heute entstehen Datenmengen im Terabyte-Bereich für einzelner Bauteile bei einer geometrischen In-Prozessqualitätssicherung. Daher sind wissenschaftliche Ansätze zur Datenreduktion für die speicheroptimierte Langzeitaufbewahrung von gescannten Schichtdaten notwendig. Richtlinien wie die DIN EN 9130, die die Aufbewahrung von Auszeichnungen in der Luft- und Raumfahrt regelt, schreiben eine Vorhaltung der Daten für den gesamten Produktlebenszyklus plus zuzüglich 6 Jahre vor [139, 140]. Dementsprechend sind Lösungen zur Kompression der Daten und die Etablierung der Speicherung von Fehlerinformationen im Gegensatz zu den unverarbeiteten Rohdaten für eine wirtschaftliche und ressourcenschonende Produktion zukünftig notwendig.

Literaturverzeichnis

[1] Wohlers, Terry T. ; Campbell, Robert I. ; Diegel, Olaf ; Huff, Ray ; Kowen, Joseph ; Mostow, Noah: *Wohlers Report 2021: 3D Printing and Additive Manufacturing : Global State of the Industry*. Wohlers Associates, 2021

[2] AG, Siemens: *Industrialization of Additive Manufacturing*. https://assets.new.siemens.com/siemens/assets/api/uuid:8c8c867a-b35f-49a7-9622-17f70f084e36/additive-manufacturing.pdf (abgerufen am: 05.10.2023), 2017

[3] AMPOWER GmbH & Co. KG: *AMPOWER Report 2023 - Additive Manufacturing Report*. 2023

[4] Möller, Mauritz: *Prozessmanagement für das Laser-Pulver-Auftragschweißen*. Springer Berlin Heidelberg, 2021 (Light Engineering für die Praxis)

[5] Deloitte: *Challenges of Additive Manufacturing*. https://www2.deloitte.com/content/dam/Deloitte/de/Documents/operations/Deloitte_Challenges_of_Additive_Manufacturing.pdf (abgerufen am: 05.10.2023), 2019

[6] *DIN EN ISO/ASTM 52920 - Additive Fertigung – Qualifikationsprinzipien – Anforderungen an Standorte für industrielle additive Fertigung*. 2021

[7] *DIN 17024 - Additive Fertigung – Prozessanforderungen und Qualifizierung*. 2021

[8] Möhrle, M.: *Gestaltung von Fabrikstrukturen für die additive Fertigung*. Springer Berlin Heidelberg, 2018 (Light Engineering für die Praxis)

[9] Gibson, Ian ; Rosen, David ; Stucker, Brent ; Khorasani, Mahyar: *Additive Manufacturing Technologies*. Springer Charn, 2020

[10] Kumar, Sanjay: *Additive Manufacturing Processes*. Springer Cham, 2020

[11] Bamberg, Joachim ; Dusel, Karl-Heinz ; Satzger, Wilhelm: Overview of additive manufacturing activities at MTU aero engines. In: *AIP Conference Proceedings* (2015)

[12] Pfeifer, Tilo ; Schmitt, Robert: *Fertigungsmesstechnik*. München : Oldenbourg Wissenschaftsverlag, 2010

[13] Hügel, Helmut ; Graf, Thomas: *Laser in der Fertigung*. Vieweg+Teubner, 2009

[14] *DIN EN ISO/ASTM 52900 - Additive Fertigung - Grundlagen - Terminologie*. 2022

[15] Toyserkani, Ehsan ; Khajepour, Amir ; Corbin, Stephen F.: *Laser Cladding*. CRC Press, 2004

[16] Schwarz, N. ; Barroi, A. ; Biester, K. ; Budde, L. ; Lammers, M. ; Tegtmeier, M. ; Hermsdorf, J. ; Kaierle, S. ; Ahlers, H.: Development of a Coaxial Laser Wire System for the Additive Manufacturing of Functional

M. Buhr, *Geometrische Qualitätssensorik für die roboterbasierte, additive Produktion*, Light Engineering für die Praxis,
https://doi.org/10.1007/978-3-662-69317-9

Graded Materials using Direct Energy Deposition. In: *Innovative Product Development by Additive Manufacturing 2021* (2021)

[17] SHAKHVERDOVA, Irina ; NOWOTNY, Steffen ; THIEME, Sebastian ; KUBISCH, Frank ; BEYER, Eckhard ; LEYENS, Christoph: Coaxial Laser Wire Deposition. In: *Journal of Physics: Conference Series - Beam Technologies and Laser Application* (2018)

[18] TABERNERO, Iván ; PASKUAL, Amagoia ; ÁLVAREZ, Pedro ; SUÁREZ, Alfredo: Study on Arc Welding Processes for High Deposition Rate Additive Manufacturing. In: *Procedia CIRP* (2018)

[19] BUHR, Malte ; WEBER, Julian ; WENZEL, Jan-Philip ; MÖLLER, Mauritz ; EMMELMANN, Claus: Influences of Process Conditions on Stability of Sensor Controlled Robot-Based Laser Metal Deposition. In: *Procedia CIRP* (2018)

[20] POPRAWE, Reinhart: *Lasertechnik für die Fertigung*. Springer Berlin, Heidelberg, 2005

[21] MAZZARISI, Marco ; ERRICO, Vito ; ANGELASTRO, Andrea ; CAMPANELLI, Sabina L.: Influence of standoff distance and laser defocusing distance on direct laser metal deposition of a nickel-based superalloy. In: *The International Journal of Advanced Manufacturing Technology* 120 (2022), 05

[22] HENCKELL, Philipp ; GIERTH, Maximilian ; ALI, Yarop ; REIMANN, Jan ; BERGMANN, Jean P.: Reduction of Energy Input in Wire Arc Additive Manufacturing (WAAM) with Gas Metal Arc Welding (GMAW). In: *Materials* (2020)

[23] DONADELLO, Simone ; FURLAN, Valentina ; DEMIR, Ali G. ; PREVITALI, Barbara: Interplay between powder catchment efficiency and layer height in self-stabilized laser metal deposition. In: *Optics and Lasers in Engineering* 149 (2022)

[24] FAHTI ; KHAJEPOUR ; DURALI ; TOYSERKANI: Clad height control in laser solid freeform fabrication using a feedforward PID controller. In: *The International Journal of Advanced Manufacturing Technology* (2006)

[25] SONG, Lijun ; BAGAVATH-SINGH, Vijayavel ; DUTTA, Bhaskar ; MAZUMDER, Jyoti: Control of melt pool temperature and deposition height during direct metal deposition process. In: *The International Journal of Advanced Manufacturing Technology* (2012)

[26] OCYLOK, Sörn ; ALEXEEV, Eugen ; MANN, Stefan ; WEISHEIT, Andreas ; WISSENBACH, Konrad ; KELBASSA, Ingomar: Correlations of Melt Pool Geometry and Process Parameters During Laser Metal Deposition by Coaxial Process Monitoring. In: *Physics Procedia* 56 (2014), S. 228–238

[27] YE, J. ; BAB-HADIASHAR, A. ; HOSEINNEZHAD, R. ; ALAM, N. ; VARGAS-USCATEGUI, A. ; PATEL, M. ; COLE, I.: Predictions of in-situ melt pool geometric signatures via machine learning techniques for laser metal deposition. In: *International Journal of Computer Integrated Manufacturing* (2022)

[28] Heralic, Almir and Christiansson, Anna-Karin and Lennartson, Bengt: Height control of laser metal-wire deposition based on iterative learning control and 3D scanning. In: *Optics and Lasers in Engineering* (2012)

[29] Garmendia, Iker ; Leunda, Josu ; Pujana, Joseba ; Lamikiz, Aitzol: In-process height control during laser metal deposition based on structured light 3D scanning. In: *Procedia CIRP* (2018)

[30] Donadello, Simone ; Motta, Maurizio ; Demir, Ali G. ; Previtali, Barbara: Coaxial laser triangulation for height monitoring in laser metal deposition. In: *Procedia CIRP* (2018)

[31] Binega, Eden ; Yang, Liu ; Sohn, Hoon ; Cheng, Jack C.: Online geometry monitoring during directed energy deposition additive manufacturing using laser line scanning. In: *Precision Engineering* (2022)

[32] Borovkov, H. ; Yedra, A. G. l. ; Zurutuza, X. ; Angulo, X. ; Alvarez, P. ; Pereira, J. C. ; Cortes, F.: In-Line Height Measurement Technique for Directed Energy Deposition Processes. In: *Journal of Manufacturing and Materials Processing* (2021)

[33] Kogel-Hollacher, Markus ; Strebel, Matthias ; Staudenmaier, Christian ; Schneider, Heinz-Ingo ; Regulin, Daniel: OCT sensor for layer height control in DED using SINUMERIK® controller. In: *Laser 3D Manufacturing VII* 11271 (2020)

[34] Stehmar, Charlotte ; Gipperich, Marius ; Kogel-Hollacher, Markus ; Velazquez Iturbide, Alfredo ; Schmitt, Robert H.: Inline Optical Coherence Tomography for Multidirectional Process Monitoring in a Coaxial LMD-w Process. In: *Applied Sciences* 12 (2022), Nr. 5

[35] Bernauer, Christian J. ; Zapata, Avelino ; Kick, Laura ; Weiss, Tony ; Sigl, Martina E. ; Zaeh, Michael F.: Pyrometry-based closed-loop control of the melt pool temperature in Laser Metal Deposition with coaxial wire feeding. In: *Procedia CIRP* (2022)

[36] Tang, Lie ; Landers, Robert: Melt Pool Temperature Modeling and Control for Laser Metal Deposition Processes. In: *Proceedings of the American Control Conference* (2009)

[37] Heralic, Almir: *Towards full Automation of Robotized Laser Metal-wire Deposition*, Chalmers University of Technology, Diss., 2009

[38] Csencsics, Ernst ; Ito, Shingo ; Schlarp, Johannes ; Thier, Markus ; Schitter, Georg: Hochpräzise roboterbasierte 3D-In-Prozess-Messtechnik. In: *e & i Elektrotechnik und Informationstechnik* (2018), Nr. 135

[39] Domaschke, Tomas: *Automatisierung der Weißlichtinterferometrie zur Inspektion rotationssymmetrischer Triebwerksbauteile*, Technische Universität Hamburg-Harburg, Dissertation, 2017

[40] Schuth, Michael ; Buerakov, Wassili: *Handbuch Optische Messtechnik :*

praktische Anwendungen für Entwicklung, Versuch, Fertigung und Qualitätssicherung. München : Hanser, 2017 (Hanser eLibrary)

[41] GAN, Zhongxue ; TANG, Qing: *Visual Sensing and its Applications*. Springer-Verlag, 2011

[42] KEFERSTEIN, Claus ; MARXER, Michael: *Fertigungsmesstechnik - Praxisorientierte Grundlagen, moderne Messverfahren*. Springer Vieweg, 2015

[43] FOREST, Josep ; SALVI, Joaquim ; CABRUJA, Enric ; POUS, Carles: Laser stripe peak detector for 3D scanners. A FIR filter approach. In: *Proceedings - International Conference on Pattern Recognition* (2004)

[44] DONGES, Axel ; NOLL, Reinhard: *Laser Measurement Technology: Fundamentals and Applications*. Springer Berlin Heidelberg, 2015 (Springer Series in Optical Sciences)

[45] *DIN EN ISO 10360-8 - Geometrische Produktspezifikation und -prüfung (GPS) – Annahme- und Bestätigungsprüfung für Koordinatenmesssysteme (KMS)*. 2014

[46] TECHNOLOGIES, KREON: *3D-Scanner: Zephyr III-Familie*. https://kreon3d.com/de/laserscanner/zephyr-iii/ (abgerufen am: 05.10.2023), 2023

[47] METROLOGY, Hexagon: *HP-L-10.10 laser scanning sensor*. https://hexagon.com/de/products/hp-l-10-10-laser-scanning-sensor?accordId=F1DF5A19B0A44599A86D1DE2C5644A1A (abgerufen am: 05.10.2023), 2023

[48] DORSCH, Rainer ; HÄUSLER, Gerd ; HERRMANN, Jürgen: Laser triangulation — Fundamental uncertainty in distance measurement. In: *Applied optics* 33 (1994)

[49] INC., Thorlabs: *Bandpass Filter FBH640-10*. https://www.thorlabs.com/thorproduct.cfm?partnumber=FBH640-10 (abgerufen am: 21.04.2023), 2023

[50] AT – AUTOMATION TECHNOLOGY GMBH: *C6 Series 3D Sensors*. https://www.automationtechnology.de/cms/wp-content/uploads/2022/12/3D_Broschuere_Doppelseite.pdf (abgerufen am: 14.01.2023), 2022

[51] DAINTY, J.C.: *Laser Speckle and Related Phenomena*. Springer Berlin Heidelberg, 1975 (Topics in Applied Physics)

[52] WOLLNACK, Jörg: *Videometrische Verfahren zur Genauigkeitssteigerung von Industrierobotern*. Shaker, 2001 (Berichte aus der Robotik)

[53] GERDES, Rolf ; OTTERBACH, Rainer ; KAMMÜLLER, Reiner: Kalibrierung eines digitalen Bildverarbeitungssystems mit CCD-Kamera Teil 1: Modellbildung und Verfahren / Calibration of a Computer vision system with CCD camera Part 1: Model description and calibration procedure. In: *tm - Technisches Messen* 60 (1993), Nr. 6

[54] PAVLOVČIČ, Urban ; ARKO, Peter ; JEZERŞEK, Matija: Simultaneous Hand–Eye and Intrinsic Calibration of a Laser Profilometer Mounted on a Robot Arm. In: *Sensors* 21 (2021), Nr. 4

[55] Brown, Duane: Close-Range Camera Calibration. In: *Photogrammetric Engineering* (1971)

[56] Fitzgibbon, Andrew W.: Simultaneous linear estimation of multiple view geometry and lens distortion. In: *Proceedings of the 2001 IEEE Computer Society Conference on Computer Vision and Pattern Recognition. CVPR 2001* (2001)

[57] Zhang, Guangjun ; Liu, Zhen ; Sun, Junhua ; Wei, Zhenzhong: Novel calibration method for a multi-sensor visual measurement system based on structured light. In: *Optical Engineering* 49 (2010), Nr. 4

[58] Wang, Aiqi ; Qiu, Tianshuang ; Shao, L.-T: A Simple Method of Radial Distortion Correction with Centre of Distortion Estimation. In: *Journal of Mathematical Imaging and Vision* (2009)

[59] Bukhari, Faisal ; Dailey, Matthew: Automatic Radial Distortion Estimation from a Single Image. In: *Journal of Mathematical Imaging and Vision* (2013)

[60] Schutzrecht EP000002141448B1 (Juli 2008). Turbell, Henrik ; Andersson, Robert (Erfinder).

[61] Santolaria, Jorge ; Guillomía, David ; Cajal, Carlos ; Albajez, José A. ; Aguilar, Juan J.: Modelling and Calibration Technique of Laser Triangulation Sensors for Integration in Robot Arms and Articulated Arm Coordinate Measuring Machines. In: *Sensors* (2009)

[62] Li, J. ; Zhu, J. ; Guo, Y. ; Lin, X.i ; Duan, K. ; Wang, Y. ; Tang, Q.: Calibration of a Portable Laser 3-D Scanner used by a Robot and its use in Measurement. In: *Optical Engineering - OPT ENG* (2008)

[63] Alonso, Marcos ; Izaguirre, Alberto ; Andonegui, Imanol ; Graña, Manuel: Optical Dual Laser Based Sensor Denoising for OnlineMetal Sheet Flatness Measurement Using Hermite Interpolation. In: *Sensors* (2020)

[64] Yoon, Seongwon ; Son, Youngbin ; Oh, Se-young ; Han, Soohee: A Distortion Model of Laser Sheet for a Laser Line Scanner With Large Fan Angle. In: *IEEE Transactions on Industrial Electronics* (2020)

[65] Beraldin, Jean-Angelo: Basic theory on surface measurement uncertainty of 3D imaging systems. In: *Proceedings of SPIE - The International Society for Optical Engineering* (2009)

[66] León, Fernando P.: *Messtechnik: Grundlagen, Methoden und Anwendungen*. Springer Berlin Heidelberg, 2019

[67] Metrology JCGM, Joint C. i.: *Guide to the expression of uncertainty in measurement JCGM 100:2008*. 2008

[68] Nocedal, Jorge ; Wright, Stephen J.: *Numerical Optimization*. Springer New York, 2006

[69] *DIN 1319-1 - Grundlagen der Messtechnik*. Januar 1995

[70] Metrology JCGM, Joint C. i.: *The international vocabulary of metrology—basic and general concepts and associated terms (VIM) JCGM 200:2012*.

2012

[71] ZHANG, Zhengyou: A flexible new technique for camera calibration. In: *IEEE Transactions on Pattern Analysis and Machine Intelligence* (2000)

[72] DATTA, Ankur ; KIM, Jun-Sik ; KANADE, Takeo: Accurate camera calibration using iterative refinement of control points. In: *2009 IEEE 12th International Conference on Computer Vision Workshops, ICCV Workshops* (2009)

[73] WANG, Zhe ; FAN, Junfeng ; JING, Fengshui ; DENG, Sai ; ZHENG, Mingyang ; TAN, Min: An Efficient Calibration Method of Line Structured Light Vision Sensor in Robotic Eye-in-Hand System. In: *IEEE Sensors Journal* (2020)

[74] REN, Yongjie ; YIN, Shibin ; ZHU, Jigui: Calibration technology in application of robot-laser scanning system. In: *Optical Engineering* (2012)

[75] YIN, Shibin ; GUO, Yin ; REN, Yongjie ; ZHU, Jigui ; YANG, Shourui ; YE, Shenghua: A novel TCF calibration method for robotic visual measurement system. In: *Optik* (2014)

[76] WOLLNACK, Jörg: 3D/6D-Visionsysteme in der Robotik (Vollautomatische Sensor-, Sensor-Greifer- und Roboter-Kalibration). In: *WT Werkstattstechnik online* 9 (2007)

[77] PRESS, William H. ; TEUKOLSKY, Saul A. ; VETTERLING, William T. ; FLANNERY, Brian P.: *Numerical Recipes in C: The Art of Scientific Computing*. Cambridge University Press, 1992

[78] PAPAGEORGIOU, Markos ; LEIBOLD, Marion ; BUSS, Martin: *Optimierung: Statische, dynamische, stochastische Verfahren für die Anwendung*. Springer Berlin Heidelberg, 2015

[79] ZHANG, G. Q. ; LI, X. ; BOCA, J. R.and N. R.and Newkirk ; ZHANG, B. ; FUHLBRIGGE, T. A. ; FENG, H. K. ; HUNT, Nick J.: Use of Industrial Robots in Additive Manufacturing - A Survey and Feasibility Study. In: *ISR/Robotik 2014; 41st International Symposium on Robotics* (2014)

[80] SCHAIBLE, Jonathan ; SAYK, Lennart ; SCHOPPHOVEN, Thomas ; SCHLEIFENBAUM, Johannes H. ; HÄFNER, Constantin: Development of a high-speed laser material deposition process for additive manufacturing. In: *Journal of Laser Applications* (2021)

[81] WEBER, Wolfgang ; KOCH, Heiko: *Industrieroboter: Methoden der Steuerung und Regelung*. Hanser Fachbuchverlag, 2022

[82] *VDI 2861 Blatt 2 - Montage- und Handhabungstechnik; Kenngrößen für Industrieroboter; Einsatzspezifische Kenngrößen*. 1988

[83] DENAVIT, Jacques ; HARTENBERG, Richard S.: A Kinematic Notation for Lower-Pair Mechanisms Based on Matrices. In: *Journal of Applied Mechanics* (1955)

[84] WANG, Hang ; QI, Hanghang ; XU, Minghui ; TANG, Yanhua ; YAO, Jiantao ; YAN, Xuedong ; LI, Ming: Research on the Relationship between Classic Denavit-Hartenberg and Modified Denavit-Hartenberg. In: *2014 Seventh*

International Symposium on Computational Intelligence and Design (2014)

[85] Gao, Bingtuan ; Liu, Yong ; Xi, Ning ; Shen, Yantao: Developing an Efficient Calibration System for Joint Offset of Industrial Robots. In: *Journal of Applied Mathematics* (2014)

[86] Borrmann, Christof: *Adaptive Montageprozesse für CFK-Großstrukturen mittels Offline-Programmierung von Industrierobotern*, Technische Universität Hamburg-Harburg, Dissertation, 2016

[87] Rösch, Oliver: *Steigerung der Arbeitsgenauigkeit bei der Fräsbearbeitung metallischer Werkstoffe mit Industrierobotern*, Technische Universität München, Diss., 2014

[88] Schneider, Ulrich J.: *Untersuchung von modellbasierter Fehler- kompensation und erweiterter Positionsregelung zur Genauigkeitssteigerung von roboterbasierten Zerspanungsprozessen*, Universität Stuttgart, Diss., 2016

[89] Mazumder, Jyoti and Dutta, Debasish and Kikuchi, Noboru and Ghosh, A.: Closed loop direct metal deposition: art to part. In: *Optics and Lasers in Engineering* (2000)

[90] Moltumyr, Andreas H. ; Arbo, Mathias H. ; Gravdahl, Jan T.: Towards Vision-based Closed-loop Additive Manufacturing: A Review. In: *2020 3rd International Symposium on Small-scale Intelligent Manufacturing Systems (SIMS)* (2020)

[91] Pinkerton, Andrew: Laser direct metal deposition: theory and applications in manufacturing and maintenance. In: *Advances in Laser Materials Processing* (2010)

[92] Kelbassa, Ingomar: *Qualifizieren des Laserstrahl-Auftragschweißens von BLISKs aus Nickel- und Titanbasislegierungen*, Rheinisch-Westfälischen Technischen Hochschule Aachen, Diss., 2006

[93] Petrat, Torsten ; Winterkorn, Rene ; Graf, Benjamin ; Gumenyuk, Andrey ; Rethmeier, Michael: Build-up strategies for temperature control using laser metal deposition for additive manufacturing. In: *Welding in the World* (2018), Nr. 62

[94] *DIN EN ISO 9000 - Qualitätsmanagementsysteme – Grundlagen und Begriffe*. 2015

[95] *DIN EN ISO 22081 - Geometrische Produktspezifikation (GPS) – Geometrische Tolerierung – Allgemeine geometrische und Größenmaßspezifikationen*. 2021

[96] Liu, Michael ; Kumar, Abhishek ; Bukkapatnam, Satish ; Kuttolamadom, Mathew: A Review of the Anomalies in Directed Energy Deposition (DED) Processes & Potential Solutions - Part Quality & Defects. In: *Procedia Manufacturing* (2021)

[97] Paul, A. C. ; Jinoop, A. N. ; Paul, C. P. ; Deogiri, P. ; Bindra, K. S.: Investigating build geometry characteristics during laser directed energy deposition

based additive manufacturing. In: *Journal of Laser Applications* 32 (2020), Nr. 4

[98] Mazzucato, Federico ; Aversa, Alberta ; Doglione, Roberto ; Biamino, Sara ; Valente, Anna ; Lombardi, Mariangela: Influence of Process Parameters and Deposition Strategy on Laser Metal Deposition of 316L Powder. In: *Metals* (2019)

[99] *DIN EN ISO 6520-1 - Schweißen und verwandte Prozesse - Einteilung von geometrischen Unregelmäßigkeiten an metallischen Werkstoffen - Teil 1: Schmelzschweißen.* 2007

[100] Romanenko, Denys ; Prakash, Vishnuu J. ; Kuhn, Tobias ; Moeller, Carsten ; Hintze, Wolfgang ; Emmelmann, Claus: Effect of DED process parameters on distortion and residual stress state of additively manufactured Ti-6Al-4V components during machining. In: *Procedia CIRP* (2022)

[101] Jardon, Zoé ; Guillaume, Patrick ; Ertveldt, Julien ; Hinderdael, Michaël ; Arroud, Galid: Offline powder-gas nozzle jet characterization for coaxial laser-based Directed Energy Deposition. In: *Procedia CIRP* (2020)

[102] *DIN EN 60529-9 - Schutzarten durch Gehäuse.* 2014

[103] Gruber, S. ; Grunert, C. ; Riede, M. ; Lopez, E. ; Marquardt, A. ; Brueckner, F. ; Leyens, C.: Comparison of dimensional accuracy and tolerances of powder bed based and nozzle based additive manufacturing processes. In: *Journal of Laser Applications* 32 (2020)

[104] Fischer, Ulrich: *Tabellenbuch Metall.* Verlag Europa-Lehrmittel Nourney, Vollmer, 2011

[105] Nyquist, Harry: Certain Topics in Telegraph Transmission Theory. In: *Transactions of the American Institute of Electrical Engineers* (1928)

[106] *ISO/IEC 2382:2015 - Information Technology — Vocabulary.* 2015

[107] Hering, Ekbert ; Martin, Rolf: *Photonik: Grundlagen, Technologie und Anwendung.* Springer Berlin Heidelberg, 2006

[108] Nayar, Shree K. ; Ikeuchi, Katsushi ; Kanade, Takeo: Surface reflection: physical and geometrical perspectives. In: *IEEE Transactions on Pattern Analysis and Machine Intelligence* (1991)

[109] Hesse, Stefan ; Schnell, Gerhard: *Sensoren für die Prozess- und Fabrikautomation.* Springer Vieweg, 2014

[110] Weman, Klas: 4 - Arc welding: an overview. In: *Welding Processes Handbook (Second Edition)* (2012)

[111] Li, Zhi ; Chen, Xiao ; Liu, Yuanzhi ; Tao, Wei ; Zhao, Hui: Temperature Compensation of Laser Triangular Displacement Sensor. In: *2019 Chinese Automation Congress (CAC)* (2019)

[112] Meschede, Dieter: *Optik, Licht und Laser.* Vieweg+Teubner Verlag, 2015

[113] Association, European Machine V.: *EMVA Standard 1288 - Standard for Characterization of Image Sensors and Cameras Release 4.0.* 2021

[114] JÄHNE, Bernd: *Digitale Bildverarbeitung und Bildgewinnung*. Springer Berlin Heidelberg, 2012

[115] TUTSCH, Rainer ; HAN, Sida ; DIERKE, Hanno: Speckle reduction for a laser light sectioning sensor. In: *MATEC Web of Conferences* (2015)

[116] IIZUKA, Keigo: *Engineering Optics*. Springer Science+Business Media, 2008

[117] SUN, Haiyin: *Laser Diode Beam Basics, Manipulations and Characterizations*. Springer Netherlands, 2012 (SpringerBriefs in Physics)

[118] SMITH, W.: *Modern Optical Engineering, 4th Ed.* Mcgraw-hill, 2007 (McGraw-Hill series on optical and electro-optical engineering)

[119] AT AUTOMATION TECHNOLOGY GMBH: *Optimale Auslegung von 3D-Lasertriangulation*. https://www.automation.at/video/common/145229 (abgerufen am: 07.10.2023), 2017

[120] BEERMANN, Rüdiger ; QUENTIN, Lorenz ; STEIN, Gunnar ; REITHMEIER, Eduard ; KÄSTNER, Markus: Full simulation model for laser triangulation measurement in an inhomogeneous refractive index field. In: *Optical Engineering* (2018)

[121] LI, Ruijun ; WANG, Yongjun ; TAO, Pan ; CHENG, Rongjun ; CHENG, Zhenying ; WEI, Yongqing ; DANG, Xueming: Drift Reduction of a 4-DOF Measurement System Caused by Unstable Air Refractive Index. In: *Sensors* (2020)

[122] CRISTIAN, Flaviu: Probabilistic clock synchronization. In: *Distributed Computing* (1989), Nr. 3

[123] OLSON, Edwin: A passive solution to the sensor synchronization problem. In: *2010 IEEE/RSJ International Conference on Intelligent Robots and Systems* (2010)

[124] Schutzrecht EP000003710199B1 (November 2018). BUHR, Malte ; MÖLLER, Mauritz ; EMMELMANN, Claus (Erfinder).

[125] BUHR, Malte: *Positionsregelung zur Stabilisierung des Laserauftragschweißprozesses*. 2017. – Masterarbeit - Technische Universität Hamburg

[126] JOTHI PRAKASH, Vishnuu ; BUHR, Malte ; EMMELMANN, Claus: Digitalization of directed energy deposition process through a multidirectional height monitoring sensor system. In: *Journal of Laser Applications* 33 (2021), 02

[127] YAU, Timothy ; GONG, Minglun ; YANG, Yee-Hong: Underwater Camera Calibration Using Wavelength Triangulation. In: *Proceedings / CVPR, IEEE Computer Society Conference on Computer Vision and Pattern Recognition. IEEE Computer Society Conference on Computer Vision and Pattern Recognition* (2013)

[128] LUO, Tianhong ; LIU, Suchwen ; WANG, Chenglin ; FU, Qiang ; ZHENG, Xunjia: A Framework in Calibration Process for Line Structured Light System Using Image Analysis. In: *Processes* 9 (2021), Nr. 6

[129] BUHR, Malte ; AKRAMYAR, Chabir ; WOLLNACK, Jörg: 3D-Scannen beim roboterbasierten Auftragschweißen. In: *WT Werkstattstechnik online* 7-8 (2022)

[130] Walch, Alexander ; Eitzinger, Christian: A combined calibration of 2D and 3D sensors a novel calibration for laser triangulation sensors based on point correspondences. In: *2014 International Conference on Computer Vision Theory and Applications (VISAPP)* (2014)

[131] Wollnack, Jörg: Positions- und Orientierungsbestimmung auf der Basis von Positionsinformationen (Determination of Position and Orientation from Position Information). In: *Tm-technisches Messen* 69 (2002), 06

[132] Stepanek, Patrick: *Flexibel automatisierte Montage von leicht verformbaren großvolumigen Bauteilen*, Technische Universität Hamburg-Harburg, Dissertation, 2007

[133] Buhr, Malte ; Vykhtar, Bohdan ; Emmelmann, Claus: Multidirectional Sensing for Digitalization in Additive Manufacturing Applications. In: *Fraunhofer Direct Digital Manufacturing Conference DDMC 2020* (2020)

[134] Borrmann, Christof ; Wollnack, Jörg: Enhanced Calibration of Robot Tool Centre Point Using Analytical Algorithm. In: *International Journal of Materials Science and Engineering* 3 (2015), Nr. 1

[135] Beyer, Lukas: *Genauigkeitssteigerung von Industrierobotern*, Helmut-Schmidt-Universität, Diss., 2005

[136] *VDI/VDE 2634-3 - Optische 3-D-Messsysteme - Bildgebende Systeme mit flächenhafter Antastung in mehreren Einzelansichten.* 2008

[137] Chen Xuewei, Jin Y.: LM-4B Accomplished Chinas First Grid Fins Reuse Flight Test. In: *Aerospace China* (2020)

[138] Breitinger, Tinus ; Aichele, Benedikt S. ; Nair, Ganesh P. ; Raja, Rohit: Vertical landing rockets. In: *Proceedings of the 3rd TMAL02 Expert Conference* (2018)

[139] *DIN EN 9130 - Luft- und Raumfahrt - Qualitätsmanagement - Aufbewahrung von Aufzeichnungen.* 2020

[140] Airbus GmbH: *QV-Z4.2-05-00 - Qualitätsmanagement-Verfahrensanweisung - Aufbewahrung und Aufbewahrungsfristen von Nachweisdokumenten.* https://www.premium-aerotec.com/fileadmin/user_upload/data/QARAS/QV-Z4_2-05-00_00_C.pdf (abgerufen am: 05.10.2023), 2018

MIX
Papier aus verantwortungsvollen Quellen
Paper from responsible sources
FSC® C105338

If you have any concerns about our products,
you can contact us on
ProductSafety@springernature.com

In case Publisher is established outside the EU,
the EU authorized representative is:
Springer Nature Customer Service Center GmbH
Europaplatz 3, 69115 Heidelberg, Germany

Printed by Libri Plureos GmbH
in Hamburg, Germany